U0542026

装配式工程师
培训丛书

# 装配式工程师
# 培训辅导教程

ZHUANGPEISHI GONGCHENGSHI
PEIXUN FUDAO JIAOCHENG

南京稻田教育咨询有限公司
中企工培（北京）教育咨询有限责任公司 联合编写

中国电力出版社
CHINA ELECTRIC POWER PRESS

## 内 容 提 要

本书是针对加速培养具有装配式建筑研发、设计、生产、施工以及管理等技能人才，在工业和信息化部教育与考试中心的指导下，由南京稻田教育组织行业专家编写的培训辅导用书。

本书结合当前装配式建筑的相关政策及现行标准规范，以培训装配式建筑技能人才为主要目标，重点介绍装配式建筑构件设计、构件生产管理和现场装配管理等知识。全书共分 4 章：第 1 章为装配式建筑概论，主要介绍装配式建筑相关系统性知识；第 2 章为装配式建筑构件设计，包括构造设计、各种类型构件设计、非结构构件设计、吊点以及预埋件设计、设备及管线设计、内装系统设计等内容；第 3 章为装配式建筑生产管理，包括工厂半成品加工、生产线工艺流程、设备及工器具、质量验收管理、构件存放等内容；第 4 章为装配式建筑装配管理，主要内容包括构件安装的相关规定、吊装作业流程、灌浆工作等。

本书内容全面，重点突出，每节后附有针对性较强的练习题及答案，方便读者快速掌握核心知识，提高解决问题的能力。本书可供建筑行业从事装配式建筑的工程设计、生产、管理等技术人员参考学习。

**图书在版编目（CIP）数据**

装配式工程师培训辅导教程 / 南京稻田教育咨询有限公司，中企工培（北京）教育咨询有限责任公司联合编写．—北京：中国电力出版社，2022.1
（装配式工程师培训丛书）
ISBN 978-7-5198-5526-0

Ⅰ．①装…　Ⅱ．①南…②中…　Ⅲ．①建筑工程–装配式构件–工程管理–技术培训–自学参考资料
Ⅳ．①TU71

中国版本图书馆 CIP 数据核字（2021）第 060348 号

出版发行：中国电力出版社
地　　址：北京市东城区北京站西街 19 号（邮政编码 100005）
网　　址：http://www.cepp.sgcc.com.cn
责任编辑：杨淑玲（010-63412602）
责任校对：黄　蓓　于　维
装帧设计：王红柳
责任印制：杨晓东

印　　刷：北京天宇星印刷厂
版　　次：2022 年 1 月第一版
印　　次：2022 年 1 月北京第一次印刷
开　　本：787 毫米×1092 毫米　16 开本
印　　张：12.5
字　　数：273 千字
定　　价：49.80 元

**版权专有　侵权必究**
本书如有印装质量问题，我社营销中心负责退换

# 《装配式工程师培训辅导教程》

# 编 委 会

主　编　　连　营　杨志强

副主编　　陈宜虎　刘　宏　杨　为　许　星　张晓聪

顾　问　　刘占省

编　委（排名不分先后、按姓氏排名）

| | |
|---|---|
| 晁永庆 | 北京中培国育人才测评技术中心 |
| 陈　锋 | 中国安能集团科工有限公司 |
| 陈伟明 | 信息产业电子第十一设计研究院 |
| 陈宜虎 | 贺州学院装配式建筑现代产业学院 |
| 陈翼彪 | 广东睿住住工科技有限公司 |
| 杜　磊 | 河北建工集团有限责任公司 |
| 高立霞 | 河北欧美环境工程有限公司 |
| 顾　涛 | 广西壮族自治区建筑科学研究设计院 |
| 胡亚辉 | 河北远信市政工程有限公司 |
| 黄昌荣 | 邢台镂景科技有限公司 |
| 黄志军 | 中国安能集团第一工程局有限公司 |
| 房海娇 | 中企工培(北京)教育咨询有限责任公司 |
| 焦成材 | 菏泽城建工程发展集团有限公司 |
| 李　梅 | 哈尔滨理工大学建筑工程学院 |
| 李　森 | 菏泽市建筑业信息化学会 |
| 刘　翀 | 易屋建筑科技（北京）有限公司 |
| 刘　宏 | 华蓝设计（集团）有限公司 |
| 刘　鹏 | 昆明理工大学津桥学院 |

| 刘　婷 | 上海城建职业学院 |
| 刘中明 | 南昌工学院 |
| 吕浩辅 | 广西微比建筑科技有限公司 |
| 庞　钰 | 山西朝兰数字科技有限公司 |
| 申　继 | 长沙市装配式建筑产业链推进办公室 |
| | 长沙金霞经济开发区管理委员会 |
| 苏　玉 | 昆明理工大学津桥学院 |
| 孙立霞 | 河北欧美环境工程有限公司 |
| 谭　霖 | 武汉墨斗建筑咨询有限公司 |
| 王　帅 | 中企工培(北京)教育咨询有限责任公司 |
| 王志伟 | 山东北汇建设工程有限公司 |
| 魏园园 | 中国中元国际工程有限公司 |
| 许　星 | 北京中昌工程咨询有限公司 |
| 谢亚卓 | CCDI 悉地国际设计顾问（深圳）有限公司 |
| 杨　帆 | 上海工程技术大学 |
| 袁　峰 | 石家庄市装配式建筑学会 |
| 张广银 | 山东菏建建筑集团有限公司 |
| 张　赛 | 上海润鸿建筑设计有限公司 |
| 张晓聪 | 广东天元建筑设计有限公司 |
| 张宇帆 | 昆明理工大学津桥学院 |
| 赵士国 | 北京中宣联建筑科学研究院 |
| 赵育红 | 四川建筑职业技术学院 |
| 郑　晟 | 北京智能装配式建筑研究院 |
| 左文星 | 新疆 BIM 及装配式工程技术研究中心 |

# 前　言

近年来，装配式建筑在国家和地方一系列政策的推动下得到了快速发展，为建筑业的转型注入了强大的活力。装配式建筑的发展及建造方式的重大变革，是从传统建造方式向工业化建造方式的转变，与传统的建造方式相比，装配式建筑具有全新的发展理念、系统的基础理论和先进的技术水平。

国务院《关于大力发展装配式建筑的指导意见》提出，力争用十年左右的时间，使装配式建筑占新建建筑面积的比例达到 30%。我国每年城市新建住宅建筑面积约为 15 亿 $m^2$，对装配式技能人才的需求巨大。因此，强化专业队伍建设，大力培养装配式建筑设计、生产和装配专业技能人才势在必行。

现阶段从事装配式建筑研发、设计、生产、施工以及管理等相关人员，已经无法满足装配式建筑的发展需求。为了加速培养具有装配式建筑的技能型人才，在工业和信息化部教育与考试中心的指导下，南京稻田教育咨询有限公司（即南京稻田教育）依据当前装配式建筑发展的实际情况，组织有关专家，编写了《装配式工程师培训辅导教程》。本书结合当前装配式建筑的相关政策及现行标准规范，以培训装配式建筑技能人才为主要目标。重点介绍装配式建筑构件设计、构件生产管理、现场装配管理等知识。本书在编写过程中，参考了大量的文献资料，如《装配式混凝土建筑技术标准》（GB/T 51231—2016）、《装配式钢结构建筑技术标准》（GB/T 51232—2016）、《装配式木结构建筑技术标准》（GB/T 51233—2016）、《装配式建筑技术标准条文链接与解读》等。在此，向有关专家和作者表示真诚的感谢。

由于编者水平有限，书中难免会有疏漏和不足之处，请广大读者批评指正。

编　者

2021.10

# 目　　录

前言

**第1章　装配式建筑概论** ……………………………………………………… 1

　1.1　概述 ………………………………………………………………………… 1

　　本节练习题及答案 …………………………………………………………… 4

　1.2　装配式混凝土建筑连接方式 ……………………………………………… 4

　　本节练习题及答案 …………………………………………………………… 7

　1.3　装配式混凝土建筑材料 …………………………………………………… 8

　　1.3.1　连接材料 …………………………………………………………… 8

　　1.3.2　结构材料 …………………………………………………………… 13

　　1.3.3　其他材料 …………………………………………………………… 15

　　本节练习题及答案 …………………………………………………………… 16

**第2章　装配式建筑构件设计** ………………………………………………… 17

　2.1　设计概述 …………………………………………………………………… 17

　　2.1.1　模数协调 …………………………………………………………… 17

　　2.1.2　标准化设计 ………………………………………………………… 17

　　2.1.3　集成化设计 ………………………………………………………… 18

　　2.1.4　结构设计 …………………………………………………………… 18

　　2.1.5　构件设计 …………………………………………………………… 19

　　2.1.6　连接方式 …………………………………………………………… 19

　　2.1.7　拆分设计 …………………………………………………………… 21

　　本节练习题及答案 …………………………………………………………… 22

　2.2　构造设计 …………………………………………………………………… 22

　　2.2.1　外墙保温设计 ……………………………………………………… 22

　　2.2.2　外挂墙板设计 ……………………………………………………… 23

　　2.2.3　夹芯保温剪力墙外墙板设计 ……………………………………… 25

　　2.2.4　外墙门窗安装方式 ………………………………………………… 26

　　2.2.5　滴水构造设计 ……………………………………………………… 26

　　2.2.6　阳台设计 …………………………………………………………… 26

　　2.2.7　预制墙板接缝构造设计 …………………………………………… 26

　　本节练习题及答案 …………………………………………………………… 30

　2.3　楼板设计 …………………………………………………………………… 31

　　2.3.1　楼板类型 …………………………………………………………… 31

2.3.2　楼板拆分 ·····················································31

2.3.3　普通叠合楼板设计 ·········································32

2.3.4　预应力混凝土双 T 板设计 ·······························40

2.3.5　全预制楼板设计 ·············································40

本节练习题及答案 ·····················································41

2.4　框架结构设计 ····················································41

2.4.1　框架结构设计概述 ·········································41

2.4.2　拆分设计 ·····················································42

2.4.3　连接设计 ·····················································45

2.4.4　预制柱纵向钢筋套筒灌浆连接构造 ···················46

2.4.5　预制构件设计 ···············································46

2.4.6　预应力框架结构设计 ·······································48

本节练习题及答案 ·····················································49

2.5　剪力墙结构设计 ·················································50

2.5.1　现浇部位 ·····················································50

2.5.2　外墙拆分 ·····················································50

2.5.3　内墙拆分 ·····················································52

2.5.4　连接设计 ·····················································52

2.5.5　构件设计 ·····················································57

本节练习题及答案 ·····················································60

2.6　外挂墙板结构设计 ··············································60

2.6.1　设计要求 ·····················································60

2.6.2　设计内容 ·····················································60

2.6.3　设计一般规定 ···············································60

2.6.4　拆分设计 ·····················································61

2.6.5　外挂墙板荷载计算 ·········································61

2.6.6　连接节点设计 ···············································62

2.6.7　墙板结构设计 ···············································64

2.6.8　连接点设计 ·················································65

本节练习题及答案 ·····················································66

2.7　夹芯保温构件结构设计 ········································66

2.7.1　拉结件设计 ·················································66

2.7.2　外叶板设计 ·················································67

本节练习题及答案 ·····················································67

2.8　非结构构件设计 ·················································67

2.8.1　楼梯设计 ·····················································67

2.8.2　悬挑构件设计 ···············································68

2.8.3　女儿墙设计 ································································· 70

本节练习题及答案 ····································································· 71

2.9　吊点、支撑点和临时支撑设计 ·············································· 71

2.9.1　吊点设计 ································································· 71

2.9.2　存放与运输支撑点设计 ················································· 73

2.9.3　临时支撑设计 ····························································· 73

本节练习题及答案 ····································································· 74

2.10　预埋件设计 ······································································· 75

2.10.1　预埋件类型 ····························································· 75

2.10.2　加工制作预埋件设计 ··················································· 75

本节练习题及答案 ····································································· 76

2.11　设备与管线系统设计 ··························································· 76

2.11.1　设计要求 ································································· 76

2.11.2　设计内容 ································································· 76

2.11.3　设计注意事项 ····························································· 76

2.11.4　同层排水设计 ····························································· 77

2.11.5　防雷设计 ································································· 77

本节练习题及答案 ····································································· 77

2.12　内装系统设计 ···································································· 77

2.12.1　内装系统设计要求 ······················································· 77

2.12.2　内装系统设计内容 ······················································· 78

第3章　装配式建筑生产管理 ······················································ 79

3.1　钢筋半成品加工 ································································· 79

3.1.1　钢筋半成品加工工艺 ····················································· 79

3.1.2　预制构件工厂钢筋加工 ··················································· 81

本节练习题及答案 ····································································· 84

3.2　预制构件制作的相关规定 ······················································· 85

3.2.1　装配式混凝土建筑国家标准规定 ········································· 85

3.2.2　装配式混凝土建筑行业标准规定 ········································· 91

本节练习题及答案 ····································································· 93

3.3　原材料验收 ······································································· 94

本节练习题及答案 ····································································· 99

3.4　预制构件工厂预埋件加工 ······················································· 99

3.4.1　预埋件分类 ································································· 99

3.4.2　预埋件加工制作 ··························································· 100

本节练习题及答案 ····································································· 100

3.5　钢筋骨架入模作业 ································································· 100

3.5.1 钢筋骨架入模工艺流程 ……………………………………………… 100

3.5.2 钢筋骨架入模操作规程 ……………………………………………… 100

3.5.3 套筒、预埋件定位 …………………………………………………… 101

本节练习题及答案 …………………………………………………………… 101

3.6 钢筋、套筒、预埋件等隐蔽工程验收 ……………………………… 102

3.6.1 隐蔽工程验收程序 …………………………………………………… 102

3.6.2 隐蔽工程验收内容 …………………………………………………… 102

本节练习题及答案 …………………………………………………………… 103

3.7 预制构件制作工艺流程 ……………………………………………… 103

3.7.1 固定模台生产工艺流程 ……………………………………………… 104

3.7.2 流动模台工艺流程 …………………………………………………… 104

3.7.3 自动化流水线工艺流程 ……………………………………………… 105

3.7.4 预应力生产工艺流程 ………………………………………………… 106

3.7.5 立模生产工艺流程 …………………………………………………… 107

本节练习题及答案 …………………………………………………………… 107

3.8 预制构件制作设备与工具 …………………………………………… 108

3.8.1 生产线设备 …………………………………………………………… 108

3.8.2 生产运转设备 ………………………………………………………… 109

3.8.3 起重设备 ……………………………………………………………… 110

3.8.4 吊索吊具 ……………………………………………………………… 110

本节练习题及答案 …………………………………………………………… 110

3.9 预制构件模具组装 …………………………………………………… 111

3.9.1 模台清理 ……………………………………………………………… 111

3.9.2 模具组装固定 ………………………………………………………… 111

3.9.3 脱模剂涂刷 …………………………………………………………… 112

3.9.4 缓凝剂涂刷 …………………………………………………………… 112

本节练习题及答案 …………………………………………………………… 112

3.10 预制构件钢筋、套筒、预埋件入模 ………………………………… 113

3.10.1 钢筋、套筒、预埋件入模操作规程 ………………………………… 113

3.10.2 钢筋间隔件作业要求 ………………………………………………… 114

3.10.3 预埋件安装时发生冲突的处理 ……………………………………… 114

本节练习题及答案 …………………………………………………………… 115

3.11 预制构件隐蔽工程验收 ……………………………………………… 115

3.11.1 隐蔽工程验收内容 …………………………………………………… 115

3.11.2 隐蔽工程验收程序 …………………………………………………… 117

本节练习题及答案 …………………………………………………………… 117

3.12 预制构件混凝土制作 ………………………………………………… 118

3.12.1 混凝土试配 ·········································· 118

3.12.2 混凝土搅拌 ·········································· 118

3.12.3 混凝土输送 ·········································· 118

3.12.4 混凝土浇筑 ·········································· 118

3.12.5 混凝土养护 ·········································· 120

本节练习题及答案 ············································ 121

3.13 预制构件脱模及质量检验 ································ 121

3.13.1 预制构件脱模流程 ·································· 121

3.13.2 楼板类、墙板类、梁柱桁架类预制构件质量检查 ········ 122

3.13.3 装饰类预制构件质量检查 ···························· 125

3.13.4 预制构件外观检查 ·································· 125

本节练习题及答案 ············································ 126

3.14 预制构件修补、存放与运输 ······························ 126

3.14.1 预制构件修补 ······································ 126

3.14.2 预制构件裂缝处理 ·································· 128

3.14.3 预制构件存放 ······································ 129

3.14.4 预制构件运输 ······································ 132

本节练习题及答案 ············································ 133

**第4章 装配式建筑装配管理** ·································· 134

4.1 预制构件安装的规定 ····································· 134

本节练习题及答案 ············································ 136

4.2 预制构件吊装设备与工器具 ······························ 137

4.2.1 塔式起重机 ········································· 137

4.2.2 吊装工器具 ········································· 139

4.2.3 配套材料 ··········································· 140

本节练习题及答案 ············································ 142

4.3 预制构件进场检查 ······································· 142

4.3.1 预制构件进场检查项目 ································ 142

4.3.2 预制构件进场验收方法 ································ 143

4.3.3 不合格预制构件的处理方法 ··························· 145

本节练习题及答案 ············································ 145

4.4 预制构件吊装前工作 ····································· 145

4.4.1 柱放线 ············································· 145

4.4.2 梁放线 ············································· 145

4.4.3 剪力墙板放线 ······································· 146

4.4.4 楼板放线 ··········································· 146

4.4.5 外挂墙板放线 ······································· 146

4.4.6 其他预制构件放线 ……………………………………………… 146

本节练习题及答案 ……………………………………………………… 146

4.5 钢筋加工作业 ……………………………………………………… 147

4.5.1 施工现场钢筋加工要点 ………………………………………… 147

4.5.2 后浇混凝土伸出钢筋定位 ……………………………………… 147

4.5.3 后浇混凝土钢筋连接操作要求 ………………………………… 147

4.5.4 钢筋机械连接施工要点 ………………………………………… 148

本节练习题及答案 ……………………………………………………… 148

4.6 预制构件吊装作业 ………………………………………………… 149

4.6.1 预制构件临时支撑作业 ………………………………………… 149

4.6.2 预制构件吊装 …………………………………………………… 151

本节练习题及答案 ……………………………………………………… 154

4.7 预制构件的缺陷处理 ……………………………………………… 155

本节练习题及答案 ……………………………………………………… 156

4.8 构件吊装接缝处理 ………………………………………………… 156

4.8.1 预制构件接缝类型及构造 ……………………………………… 156

4.8.2 接缝防水处理要点 ……………………………………………… 161

4.8.3 接缝防火处理要点 ……………………………………………… 161

本节练习题及答案 ……………………………………………………… 163

4.9 预制构件吊装质量验收 …………………………………………… 164

4.9.1 预制构件安装的允许偏差 ……………………………………… 164

4.9.2 预制构件安装的外观检查 ……………………………………… 165

4.9.3 预制构件安装常见问题及预防处理措施 ……………………… 165

本节练习题及答案 ……………………………………………………… 166

4.10 灌浆作业 …………………………………………………………… 167

4.10.1 灌浆作业概述 …………………………………………………… 167

4.10.2 接缝封堵 ………………………………………………………… 170

4.10.3 剪力墙分仓 ……………………………………………………… 173

4.10.4 灌浆作业 ………………………………………………………… 174

4.10.5 灌浆作业故障与问题处理 ……………………………………… 179

本节练习题及答案 ……………………………………………………… 179

4.11 灌浆作业质量检查与管理 ………………………………………… 180

4.11.1 灌浆作业检查验收 ……………………………………………… 180

4.11.2 灌浆作业常见质量问题及解决方法 …………………………… 181

4.11.3 灌浆作业质量管理要点 ………………………………………… 183

4.11.4 灌浆作业严禁事项 ……………………………………………… 183

本节练习题及答案 ……………………………………………………… 184

参考文献 ………………………………………………………………… 186

# 第1章 装配式建筑概论

## 1.1 概述

**1. 装配式建筑相关概念**

（1）装配式建筑：结构系统、外围护系统、内装系统、设备与管线系统的主要部分采用预制部品部件集成的建筑。

（2）装配式混凝土建筑：指建筑的结构系统是由混凝土部件（预制构件）构成的装配式建筑。

（3）装配整体式混凝土结构：由预制混凝土构件通过可靠的连接方式进行连接并与现场后浇混凝土、水泥基灌浆料形成整体的装配式混凝土结构，它以"湿连接"为主要连接方式。

（4）全装配式混凝土建筑：预制混凝土构件依靠干法连接，也就是采用螺栓或焊接形成的装配式建筑，它的整体性和抗侧向作用的能力较差，不适用于高层建筑。

（5）预制率：一般是指装配式混凝土建筑中，建筑室外地坪以上的主体结构和围护结构中，预制构件部分的混凝土用量占混凝土总用量的体积比。

（6）装配率：单体建筑室外地坪以上的主体结构、围护墙和内隔墙、装修和设备管线等采用预制部品部件的综合比例。装配率公式如下

$$P=[(Q_1+Q_2+Q_3)/(100-Q_4)]\times100\%$$

式中　　$P$——装配率；

　　　　$Q_1$——主体结构指标实际得分值；

　　　　$Q_2$——围护墙与内隔墙指标实际得分值；

　　　　$Q_3$——装修与设备管线指标实际得分值；

　　　　$Q_4$——评价项目中缺少的评价项分值总和。

装配式建筑评分细则表见表 1.1-1。

表 1.1-1　　　　　　　装 配 式 建 筑 评 分 表

| | 评价项 | 评价要求 | 评价分值 | 最低分值 |
|---|---|---|---|---|
| 主体结构<br>（50分） | 柱、支撑、承重墙、延性墙板等竖向构件 | 35%≤比例≤80% | 20~30[①] | 20 |
| | 梁、板、楼梯、阳台、空调板等构件 | 70%≤比例≤80% | 10~20[①] | |
| 围护墙和内隔墙<br>（20分） | 非承重围护墙非砌筑 | 比例≥80% | 5 | 10 |
| | 围护墙与保温、隔热、装饰一体化 | 50%≤比例≤80% | 2~5[①] | |
| | 内隔墙非砌筑 | 比例≥50% | 5 | |
| | 内隔墙与管线、装修一体化 | 50%≤比例≤80% | 2~5[①] | |

1

续表

| 评价项 | | 评价要求 | 评价分值 | 最低分值 |
|---|---|---|---|---|
| 装修和设备管线<br>（30分） | 全装修 | — | 6 | 6 |
| | 干式工法楼面、地面 | 比例≥70% | 6 | — |
| | 集成厨房 | 70%≤比例≤90% | 3～6① | |
| | 集成卫生间 | 70%≤比例≤90% | 3～6① | |
| | 管线分离 | 50%≤比例≤70% | 4～6① | |

① 分值采用"内插法"计算，计算结果取小数点后 1 位。

（7）装配式建筑种类：包括装配式混凝土建筑、装配式钢结构建筑、装配式木结构建筑、装配式组合结构建筑。

**2. 装配式混凝土建筑结构体系类型**

装配式混凝土建筑结构体系主要分为框架结构、框架—剪力墙结构、剪力墙结构等。

（1）框架结构：由柱、梁为主要构件组成的承受竖向荷载和水平荷载的结构。连接节点单一、简单，结构构件的连接可靠并容易得到保证，方便采用等同现浇的设计概念。框架结构布置灵活，容易满足不同预制功能需求；结合外墙板、内墙板及预制楼板或预制叠合板应用，可以达到较高水平，适合建筑工业化发展。适用于多层和小高层装配式建筑。

（2）框架—剪力墙结构：由柱、梁和剪力墙共同承受竖向和水平荷载的结构。兼有框架结构和剪力墙结构的特点，体系中剪力墙和框架布置灵活，容易实现大空间，适用度较高；可以满足不同建筑功能的要求，可广泛应用于居住建筑、商业建筑、办公建筑、工业厂房等高层装配式建筑，其中剪力墙一般为现浇。

（3）剪力墙结构：由剪力墙组成的承受竖向和水平作用的结构。剪力墙体系应用多，适用建筑高度大。目前，叠合板剪力墙主要应用于多层建筑或低烈度区的中高层。其特点是施工高效、简便。

**3. 装配式混凝土建筑主要预制构件类型**

预制混凝土构件按结构形式可分为水平构件和竖向构件。水平构件包括预制楼板、预制楼梯、预制梁、预制空调板、预制阳台板等；竖向构件包括预制隔墙板、预制柱、预制承重墙等。

（1）预制楼板：实心板、空心板、叠合楼板、预应力空心板、预应力叠合肋板、预应力双 T 板、预应力倒槽形板、空间薄壁板、非线性屋面板等。其中预制叠合楼板最为常见，它是指建筑物中，预制和现浇混凝土相结合的一种楼板结构形式。预制层厚度一般为50～80mm，现浇层一般为 60～90mm。叠合楼板采用机械一次成型，表面拉毛与后浇混凝土形成一个整体。

（2）预制剪力墙板：剪力墙外墙板、T 形剪力墙板、L 形剪力墙板、U 形剪力墙板、双面叠合墙板、L 形外叶墙板、剪力墙内墙板、预制圆孔墙板、剪力墙夹芯保温墙板、窗下轻体墙板等。其中预制剪力墙内墙板与剪力墙外墙板最为常见，它是装配式建筑中，作为承重墙体的预制构件，上下层预制墙板的钢筋采用套筒灌浆连接，水平钢筋采用整体式接缝现浇连接。

（3）外挂墙板：整间外挂墙板、横向外挂墙板、竖向外挂墙板、非线性墙板、镂空墙板。

（4）框架墙板：暗柱墙板、暗梁墙板。

（5）预制梁：普通梁、T 形梁、凸形梁、带挑耳梁、叠合梁、带翼缘梁、连梁、U 形梁、叠合莲藕梁、工字形屋面梁、连筋式叠合梁。梁类构件采用工厂生产，现场安装，预制梁通过外露钢筋、埋件等进行二次浇筑连接。

（6）预制柱：方柱、圆柱、L 形扁柱、T 形扁柱、带翼缘柱、带柱帽柱、带柱头柱、跨层方柱、跨层圆柱。预制柱采用工厂生产，现场安装，上下层预制柱竖向钢筋通过套筒灌浆连接。

（7）复合预制构件：莲藕梁、双莲藕梁、十字形莲藕梁、十字形梁和柱、T 形梁柱、草字头形梁柱一体构件。

（8）预制楼梯：预制楼梯一般为清水构件，不再进行二次装修。按形式可分为双跑楼梯和剪刀式单跑楼梯。楼梯常采用立式生产方式。

（9）预制阳台板：预制阳台板按照构件形式分为叠合板式阳台、全预制板式阳台、全预制梁式阳台。预制阳台板通过预留埋件焊接及钢筋锚入主体结构与后浇混凝土层进行连接。

（10）预制空调板：预制空调板通过预留负弯矩钢筋锚入主体结构后浇层，浇筑成整体。

（11）预制女儿墙板：预制女儿墙上下层墙板采用套筒灌浆连接，相邻预制女儿墙板之间采用整体接缝式现浇连接。

（12）其他预制构件：无梁板柱帽、杯形柱基础、全预制阳台板、带围栏的阳台板、整体飘窗、遮阳板、室内曲面护栏板、轻质内隔墙板、挑檐板等。

**4. 现行标准、规范与图集**

（1）《装配式混凝土建筑技术标准》（GB/T 51231—2016）。

（2）《装配式钢结构建筑技术标准》（GB/T 51232—2016）。

（3）《装配式木结构建筑技术标准》（GB/T 51233—2016）。

（4）《建筑抗震设计规范》（GB 50011—2010）。

（5）《混凝土结构设计规范（2015 年版）》（GB 50010—2010）。

（6）《高层建筑混凝土结构技术规程》（JGJ 3—2010）。

（7）《装配式建筑评价标准》（GB/T 51129—2017）。

（8）《装配式混凝土结构技术规程》（JGJ 1—2014）。

（9）《预制预应力混凝土装配整体式框架结构技术规程》（JGJ 224—2010）。

（10）《钢筋锚固板应用技术规程》（JGJ 256—2011）。

（11）《钢筋焊接网混凝土结构技术规程》（JGJ 114—2014）。

（12）《钢筋连接用灌浆套筒》（JG/T 398—2019）。

（13）《钢筋机械连接技术规程》（JGJ 107—2016）。

（14）《预应力混凝土用钢绞线》（GB/T 5224—2014）。

（15）15G 系列装配式结构图集。

# 本节练习题及答案

1.（单选）装配整体式混凝土建筑以（　　）连接为主。

A. 干连接          B. 湿连接          C. 焊接          D. 挤压套筒

【答案】B

2.（单选）叠合楼板与后浇混凝土结合面需做（　　）处理。

A. 键槽          B. 压光          C. 拉毛          D. 抹平

【答案】C

3.（多选）装配式建筑是（　　）主要部分采用预制部品部件集成的。

A. 结构系统      B. 外围护系统      C. 内装系统      D. 楼盖系统

【答案】ABC

4.（多选）下列预制构件中，属于水平构件的有（　　）。

A. 空心板       B. 叠合楼板       C. 空调板       D. 整体飘窗

【答案】ABC

# 1.2 装配式混凝土建筑连接方式

## 1. 连接方式概述

装配式混凝土结构的连接方式主要分为湿连接和干连接两大类。

湿连接是利用混凝土或水泥基浆料与钢筋结合的连接方式,适用于装配整体式混凝土结构连接。

干连接主要借助于埋设在预制混凝土构件的金属连接件进行连接,如螺栓连接、焊接等。

## 2. 主要连接方式及适用范围（表 1.2–1）

表 1.2–1          装配式混凝土建筑连接方式及适用范围

| 类别 | | 连接方式 | 可连接的构件 | 适用范围 |
|---|---|---|---|---|
| 湿连接 | 灌浆 | 套筒灌浆 | 柱、墙 | 适用各种结构体系高层建筑 |
| | | 浆锚搭接 | 柱、墙 | 房屋高度小于 3 层或 12m 的框架结构,二、三级抗震的剪力墙结构（非加强区） |
| | | 金属波纹管浆锚搭接 | 柱、墙 | |
| | 后浇混凝土钢筋连接 | 螺纹套筒钢筋连接 | 梁、楼板 | 适用各种结构体系高层建筑 |
| | | 挤压套筒钢筋连接 | 梁、楼板 | |
| | | 注胶套筒连接 | 梁、楼板 | |
| | | 环形钢筋绑扎连接 | 墙板水平连接 | |
| | | 直钢筋绑扎搭接 | 梁、楼板、阳台板、挑檐板、楼梯板固定端 | |
| | | 直钢筋无绑扎搭接 | 双面叠合板剪力墙、圆孔剪力墙 | 适用剪力墙体结构体系高层建筑 |
| | | 钢筋焊接 | 梁、楼板、阳台板、挑檐板、楼梯板固定端 | 适用各种结构体系高层建筑 |

续表

| 类别 | | 连接方式 | 可连接的构件 | 适用范围 |
|---|---|---|---|---|
| 湿连接 | 后浇混凝土其他连接 | 套环连接 | 墙板水平连接 | 适用各种结构体系高层建筑 |
| | | 绳索套环连接 | 墙板水平连接 | 适用于多层框架结构和低层板式结构 |
| | | 型钢 | 柱 | 适用框架结构体系高层建筑 |
| | 叠合构件后浇混凝土连接 | 钢筋折弯锚固 | 叠合梁、叠合板、叠合阳台等 | 适用各种结构体系高层建筑 |
| | | 钢筋锚板锚固 | 叠合梁 | |
| | 预制混凝土与后浇混凝土连接截面 | 粗糙面 | 各种接触后浇混凝土的预制构件 | |
| | | 键槽 | 柱、梁等 | |
| 干连接 | | 螺栓连接 | 楼梯、墙板、梁、柱 | 楼梯适用各种结构体系高层建筑，主体结构构件适用框架结构或组装墙板结构低层建筑 |
| | | 构件焊接 | 楼梯、墙板、梁、柱 | |

**3. 套筒灌浆连接**

套筒灌浆连接原理图如图 1.2-1 所示，根据连接方式的不同，灌浆套筒连接分为全灌浆套筒连接和半灌浆套筒连接。

（1）全灌浆套筒连接。

1）全灌浆套筒连接工作原理：将需要连接的带肋钢筋插入金属套筒内"对接"，通过在套筒内注入高强、早强且有微膨胀特性的灌浆料拌合物，使灌浆料拌合物凝固后在套筒内壁与钢筋之间形成较大的压力，从而在带肋钢筋的粗糙表面产生较大的摩擦力，由此得以传递钢筋的轴向力。

2）全灌浆套筒连接注意事项：

① 钢筋应插到套筒中心挡片位置，穿入钢筋时不得使用猛力，防止损坏中心挡片。

② 套筒灌浆孔及出浆孔用 PVC 管引出，管口用泡沫棒封堵，防止混凝土进入。

③ 钢筋端头要平齐，不能有卷口。

④ 插入钢筋时不得损伤两端的密封圈。

（2）半灌浆套筒连接。

1）半灌浆套筒连接工作原理：钢筋采取对接的方式，将一端需要连接的带肋钢筋端头镦粗后加工成直螺纹或在钢筋端头剥肋后滚轧直螺纹使其与套筒内孔的直螺纹咬合连接，另一端钢筋直接插入套筒内，在套筒内注入高强、早强且有微膨胀特性的灌浆料拌合物，使灌浆料拌合物凝固后在套筒内壁与钢筋之间形成较大的压力，从而在钢筋带肋的粗糙表面产生较大的摩擦力，传递钢筋的轴向力。

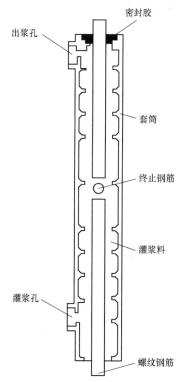

图 1.2-1　套筒灌浆连接原理图

密封胶
出浆孔
套筒
终止钢筋
灌浆料
灌浆孔
螺纹钢筋

2）半灌浆套筒连接注意事项：

① 加工钢筋螺纹连接接头的操作人员应经专业培训合格后上岗。钢筋螺纹连接接头应经工艺检验合格方可批量加工。

② 螺纹连接的钢筋端部应平直，宜用无齿锯下料。

③ 螺纹连接端钢筋的螺纹应与套筒上的螺纹相匹配，螺纹长度不得过长或过短，一般以拧紧后外露 1～1.5 个螺距为宜。

④ 螺纹连接端应使用扭矩扳手预先拧紧，拧紧力度应符合要求。

**4. 浆锚搭接连接**

浆锚搭接连接的工作原理如图 1.2-2 所示。将需要连接的钢筋插入预制构件的预留孔道内，预留孔道内壁是螺旋形的。钢筋插入后，在孔道内注入高强且具有微膨胀特性的灌浆料拌合物锚固住钢筋。孔道旁边是预埋在构件内的受力钢筋，插入孔道内的钢筋与之形成搭接，两根钢筋共同被螺旋筋或箍筋约束。

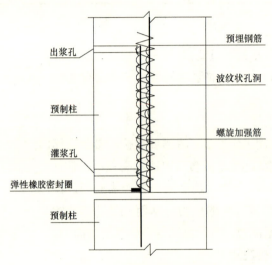

图 1.2-2　浆锚搭接连接原理图

浆锚搭接连接有两种方式，一种是埋设金属波纹管成孔，另一种是螺旋内模成孔。

**5. 机械连接**

（1）机械连接原理。钢筋机械连接是指通过钢筋与连接件的机械咬合作用或钢筋端面的承压作用，将一根钢筋中的力传递至另一根钢筋的连接方法。

（2）机械连接方式。常用的钢筋机械连接方式有螺纹套筒连接和套筒挤压连接。

1）螺纹套筒连接。

① 装配式混凝土建筑中钢筋螺纹套筒连接常用于结构中非主筋的连接。

② 螺纹套筒连接的主要形式有剥肋滚轧直螺纹连接和镦粗直螺纹连接两种，镦粗直螺纹连接由于工艺比较复杂，目前剥肋滚轧直螺纹连接应用比较普遍。

③ 剥肋滚轧直螺纹连接注意事项：a. 加工剥肋滚轧直螺纹连接接头的工作人员应经专业培训合格后方可上岗。剥肋滚轧直螺纹连接接头应经工艺检验合格后方可批量加工生

产。b. 剥肋滚轧直螺纹连接的钢筋端部应平直, 宜用无齿锯下料。c. 钢筋两头剥肋长度及厚度适宜, 不得过度剥肋。d. 连接端钢筋的螺纹应与机械接头上的螺纹相匹配, 螺纹长度不得过长或过短, 安装后外露螺纹不宜超过 $2P$ ($P$ 为螺纹的螺距)。e. 螺纹制成后, 应进行有效的保护, 防止受损。

2) 套筒挤压连接。

① 挤压套筒可分为标准型和异径型两种, 套筒挤压连接在装配式构件里, 具有连接可靠、施工方便和便于质量检查等优点。纵筋采用套筒挤压连接时应符合如下规定: a. 用于钢筋机械连接的挤压套筒, 其原材料及实测力学性能应符合《钢筋机械连接用套筒》(JG/T 163—2013) 的有关规定。b. 连接框架柱、框架梁和剪力墙边缘构件纵向钢筋的挤压套筒接头应满足 I 级接头的要求, 连接剪力墙竖向分布筋、楼板分布筋的挤压套筒接头应满足 I 级接头的要求。c. 被连接的预制件之间应预留后浇段, 后浇段的高度或长度根据挤压套筒结构安装工艺确定, 应采取措施保证后浇段的混凝土浇筑密实。

② 按连接钢筋的直径大小, 挤压套筒钢筋接头可分为以下两种。a. 连接钢筋的最大直径大于或等于 18mm 时, 适用于预制柱、预制墙板、预制梁等构件类型的纵向钢筋连接; 应符合行业标准《钢筋机械连接技术规程》(JGJ 107—2016) 的规定。b. 连接钢筋的最大直径小于或等于 16mm 时, 适用于叠合楼板、预制墙板等构件类型的钢筋连接。

③ 按挤压方向, 套筒挤压连接接头可分为两种: a. 径向挤压机械连接套筒: 连接套筒先套在一根钢筋上, 与另一根钢筋对接就位后, 套筒移至两根钢筋中间, 用挤压钳径向挤压套筒, 使得套筒和连接筋之间形成咬合力将两根钢筋进行连接, 该方法在混凝土结构工程中应用普遍。b. 轴向挤压机械锥套锁紧连接, 该方法目前尚无相应的国家或行业技术标准。

**6. 搭接绑扎**

搭接绑扎是将对接的钢筋重叠规定的长度后用扎丝绑扎, 使之传力的一种方式。

搭接绑扎在装配式混凝土建筑中多用于预制构件钢筋骨架加工时网片筋、分布筋、加强筋和辅筋以及现场二次浇筑部分配筋中钢筋的连接。

**7. 伸入支座锚固**

伸入支座锚固是将预制构件中的伸出钢筋伸入后浇区的支座中, 通过浇筑混凝土与预制构件伸出钢筋的握裹作用, 使两端钢筋连接成一个整体。

伸入支座锚固的方法常见的有直接伸入支座锚固、采用锚固头或锚固板锚固、钢筋弯折锚固。其中直接伸入支座锚固一般多用于叠合楼板伸出钢筋与梁的连接; 采用锚固头或锚固板锚固多用于梁端伸出主筋与柱连接; 钢筋弯折锚固既可以用于梁端伸出主筋与柱连接, 也可以用于其他部位钢筋的连接。

# 本 节 练 习 题 及 答 案

1.(单选)下列不属于灌浆连接方式的是 (　　　)。

A. 灌浆套筒连接方式　　　　　　　　　　B. 浆锚搭接连接方式

C. 金属波纹管浆锚搭接连接方式　　　　D. 注胶套筒连接连接方式

【答案】D

2.（单选）剥肋滚轧直螺纹连接，连接端钢筋的螺纹应与机械接头上的螺纹相匹配，螺纹长度不得过长或过短，安装后外露螺纹不宜超过（　　　）（$P$ 为螺纹的螺距）。

A. 0.5$P$　　　　　　B. 1$P$　　　　　　C. 1.5$P$　　　　　　D. 2$P$

【答案】D

3.（多选）下列连接方工中，属于干连接施工方法的是（　　　）。

A. 焊接连接　　　　　　　　　　　　B. 螺栓连接

C. 钢筋锚板锚固　　　　　　　　　　D. 套环连接

【答案】AB

4.（多选）半灌浆套筒连接注意事项中，说法正确的是（　　　）。

A. 加工钢筋螺纹连接接头的操作人员应经专业培训合格后上岗。钢筋螺纹连接接头应经工艺检验合格方可批量加工

B. 螺纹连接的钢筋端部应平直，宜用无齿锯下料

C. 螺纹连接端钢筋的螺纹应与套筒上的螺纹相匹配，螺纹长度不得过长或过短，一般以拧紧后外露 2 个螺距为宜

D. 螺纹连接端应使用扭矩扳手预先拧紧，拧紧力度应符合要求

【答案】ABD

# 1.3　装配式混凝土建筑材料

## 1.3.1　连接材料

装配式混凝土结构的连接材料包括灌浆套筒、套筒灌浆料、浆锚孔金属波纹管、机械套筒、浆锚搭接灌浆料、夹芯保温构件拉结件、浆锚孔螺旋筋、灌浆导管、灌浆孔塞、灌浆堵缝材料、注胶套筒和钢筋锚固板。

**1. 灌浆套筒**

钢筋连接用灌浆套筒是通过水泥基灌浆料的传力作用将钢筋对接连接所用的金属套筒。

（1）灌浆套筒类型。灌浆套筒分为全灌浆套筒和半灌浆套筒。全灌浆套筒是两端均采用灌浆连接的灌浆套筒；半灌浆套筒是一端采用套筒灌浆连接另一端采用机械连接方式连接的灌浆套筒。

（2）灌浆套筒材质。灌浆套筒材质有碳素结构钢、合金结构钢和球墨铸铁。碳素结构钢和合金结构套筒采用机械加工工艺制造，球墨铸铁套筒采用铸造工艺制造。

（3）灌浆套筒灌浆端最小内径要求。灌浆套筒灌浆端最小内径与连接钢筋公称直径的差值不宜小于表 1.3-1 中规定的数值。

| 表 1.3-1 | 灌浆套筒灌浆端最小内径尺寸要求 | （单位：mm） |
|---|---|---|
| 钢筋直径 | 套筒灌浆端最小内径连接钢筋公称直径差最小值 | |
| 12~25 | 10 | |
| 28~40 | 15 | |

（4）套筒灌浆对所连接钢筋的要求。套筒灌浆所连接的钢筋应是热轧带肋钢筋；钢筋直径不宜小于 12mm，且不宜大于 40mm。

（5）灌浆套筒的连接筋锚固深度。灌浆连接端用于钢筋锚固的深度不宜小于 8 倍钢筋直径的要求。

（6）接头性能要求。采用钢筋套筒灌浆连接时，应在构件生产前对灌浆套筒连接接头做抗拉强度试验，每种规格试件数量不应少于 3 个。

1）钢筋套筒灌浆连接接头的抗拉强度不应小于连接钢筋抗拉强度标准值，且破坏时应断于接头外钢筋。

2）钢筋套筒灌浆连接接头的屈服强度不应小于连接钢筋屈服强度标准值。

3）钢筋套筒灌浆连接接头应能经受规定的高应力和大变形反复拉压循环试验，且在经历拉压循环后，其抗拉强度仍应符合第 1）条的规定。

4）钢筋套筒灌浆连接接头单项拉伸、高应力反复拉压、大变形反复拉压试验加载过程中，当接头拉力达到连接钢筋抗拉荷载标准值的 1.15 倍而未发生破坏时，应判为抗拉强度合格，可停止试验。

（7）套筒灌浆连接的优点。

1）套筒灌浆连接安全可靠。

2）操作简单。

3）适用范围广。

（8）套筒灌浆连接的缺点。

1）成本高。

2）套筒直径大，钢筋密集时排布困难。

3）生产、安装精度要求高。

（9）套筒灌浆连接的适用范围。适用于多种结构体系多层、高层、超高层装配式建筑，特别是高层、超高层建筑竖向构件的钢筋连接。

（10）如何选择半灌浆套筒和全灌浆套筒。

1）预制剪力墙构件、预制框架柱等竖向结构构件的纵筋连接，可以选用半灌浆套筒连接，也可以选择全灌浆套筒连接。相同直径规格的全灌浆套筒与半灌浆套筒相比，全灌浆套筒的灌浆料使用量约 65%。

2）水平预制梁的梁钢筋连接如果采用套筒灌浆连接，应采用全灌浆套筒连接。

**2. 灌浆料**

装配式混凝土结构用到的灌浆料有套筒灌浆用的灌浆料、浆锚搭接用的灌浆料和座浆料。

（1）灌浆料种类。

1）钢筋套筒灌浆连接接头用的灌浆料。钢筋连接用套筒灌浆料以水泥为基本材料，并配以细骨料、外加剂及其他材料混合成干混料，按照规定比例加水搅拌后，具有流动性、早强、高强及硬化后微膨胀的特点。

灌浆料使用温度不宜低于 5℃，低于 0℃时不得施工；当温度高于 30℃时，应采取降低灌浆料拌合物温度的措施。

灌浆料抗压强度应符合表 1.3−2 中的要求，并不应低于接头设计要求的灌浆料抗压强度。

表 1.3−2 灌浆料抗压强度要求

| 时间（龄期）/d | 抗压强度/（N/mm²） |
|---|---|
| 1 | ≥35 |
| 3 | ≥60 |
| 28 | ≥80 |

2）浆锚搭接连接接头采用的灌浆料。浆锚搭灌浆料为水泥基灌浆料。浆锚搭接所用的灌浆料的强度要求低于套筒灌浆连接的灌浆料。

3）座浆料。座浆料用于四种情况：分仓、堵缝、多层剪力墙结构水平缝灌浆、多层剪力墙结构钢筋锚环连接竖缝灌浆。

多层剪力墙结构预制剪力墙底部水平缝可以用座浆料灌实，厚度不大于 20mm。

多层剪力墙结构相邻墙板之间采用水平钢筋锚环连接时可以采用座浆料灌浆。

座浆料应有良好的流动性、早强、无收缩微膨胀等性能。

座浆料的强度等级应高于预制构件的强度等级。

（2）灌浆料检验。

1）型式检验。有下列情况之一时，应进行型式检验：

① 新产品的定型鉴定时。

② 正式生产后，如材料及工艺有较大变动，可能影响产品质量时。

③ 停产半年以上恢复生产时。

④ 型式检验超过两年时。

2）型式检验项目的内容包括：初始流动度；30min 流动度；1d、3d 和 28d 抗压强度；3h 竖向自由膨胀率；竖向自由膨胀率 24h 与 3h 的差值；氯离子含量、泌水率等。

3）出厂检验。出厂检验项目应包括：初始流动度；30min 流动度；3h 竖向自由膨胀率；竖向自由膨胀率 24h 与 3h 的差值；泌水率。

4）抗压强度检验：

① 按批检验，以每层为一检验批。

② 每工作班应制作 1 组（3 个），且每层不应少于 3 组 40mm×40mm×160mm 的长方体试件。标准养护 28d 后进行抗压强度试验。

5）流动度检测。灌浆料拌合物流动度是保证灌浆连接施工的关键性能指标。在任何情况下，流动度低于要求值的灌浆料拌合物都不能用于灌浆连接施工。

（3）灌浆料保管。

1）灌浆料保质期一般为 90d，灌浆料应在保质期内使用完毕，灌浆料宜采取多次少量的方式进行采购。

2）气温高于 25℃时，灌浆料应储存于通风、干燥、阴凉处。

**3. 浆锚孔金属波纹管**

浆锚孔波纹管预埋于预制构件中，形成浆锚孔内壁。直径大于 20mm 的钢筋连接不宜采用金属波纹管浆锚搭接连接，直接承受动力荷载的构件纵向钢筋连接不应采用金属波纹管浆锚搭接连接。

金属波纹管宜采用软钢带制作，双面镀锌层不宜小于 $60g/m^2$。

**4. 机械套筒**

通过机械连接套筒连接钢筋的方式包括螺纹套筒连接和套筒挤压连接。在装配式混凝土结构里，螺纹套筒连接一般用于预制构件与现浇混凝土结构之间的钢筋连接，与现浇混凝土结构中直螺纹钢筋接头的要求相同，预制构件之间的连接主要是套筒挤压连接。

套筒挤压连接是通过钢筋与套筒咬合作用将一根钢筋的力传递到另一根钢筋，适用于热轧带肋钢筋的连接。采用套筒挤压连接的作业空间一般需要 100mm（含挤压套筒）左右。

（1）套筒挤压钢筋接头，按照连接钢筋的最大直径可分为下列两种形式：

1）连接钢筋的最大直径大于或等于 18mm 时，适用于预制柱、预制墙板、预制梁等构件的钢筋连接。

2）连接钢筋最大直径小于或等于 16mm 时，可以采用套筒搭接挤压方式，适用于预制叠合楼板、预制墙板等构件的钢筋连接。

（2）按挤压方向，套筒挤压连接接头形式可分为下列两种形式：

1）径向挤压机械连接套筒：连接套筒先套在一根钢筋上，与另一根钢筋对接就位后，套筒移到两根钢筋中间，用压接钳沿径向挤压套筒，使套筒和连接钢筋之间形成咬合力，从而将两根钢筋进行连接（图 1.3-1）。

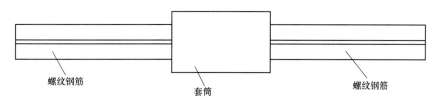

图 1.3-1　套筒挤压连接示意图

2）轴向挤压机械锥套锁紧连接：该种方法所用钢筋，应符合《钢筋混凝土用钢　第 2 部分：热轧带肋钢筋》（GB 1499.2—2018）的规定。

**5. 灌浆堵缝材料**

灌浆封堵料是用于灌浆构件的接缝封堵（图 1.3-2），有橡胶条、PE 棒、木条和封堵座浆料等。灌浆封堵料要求封堵密实，不漏浆且方便操作施工。

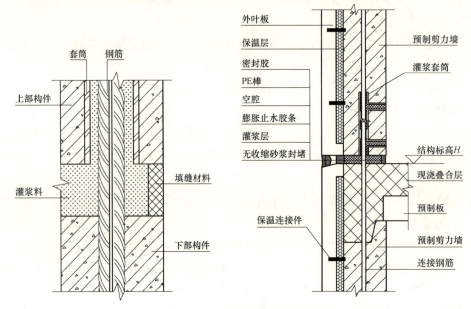

图 1.3-2　灌浆堵缝材料示意图

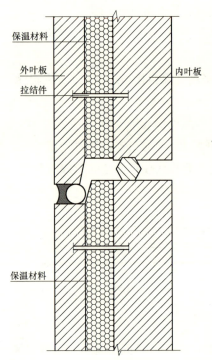

图 1.3-3　夹芯保温板构造示意图

封堵座浆料是一种高强度水泥基砂浆，强度大于50MPa，应具有可塑性好、成型后不塌落、凝结速度快和无收缩变形的性能。

**6. 夹芯保温构件拉结件**

（1）拉结件简介。夹芯保温板是两层钢筋混凝土板中间夹着保温材料的预制外墙构件。两层钢筋混凝土板（内叶板和外叶板）靠拉结件连接（图1.3-3）。拉结件按材料的不同分为金属拉结件和非金属拉结件。

（2）拉结件须满足下列要求：

1）在内外叶板中可靠锚固，荷载作用下不被拉出。

2）应有足够强度，在荷载作用下不被拉断剪断。

3）应有足够刚度，在荷载作用下不应变形，导致外叶板移位。

4）热导率尽可能小，减少热桥。

5）耐久性满足要求。

6）具有防腐蚀性。

7）具有防火性能。

（3）拉结件选用注意事项：

1）技术成熟的拉结件厂家应向使用者提供拉结件抗拉强度、抗剪强度、弹性模量、热导率、耐久性、防火性等力学物理性能指标，并提供布置原则、锚固方法、力学和热工计算资料等。

12

2）自制拉结件注意事项：

① 拉结件在混凝土中的锚固方式应当有充分可靠的试验结果支持；外叶板厚度较薄，一般只有 60mm 厚，最薄的板只有 50mm，对锚固的不利影响要充分考虑。

② 连接件位于保温层温度变化区，也是水蒸气结露区，用钢筋做连接件时，表面涂刷防锈漆的防锈蚀方式耐久性不可靠；镀锌方式要保证拉结件使用 50 年，保证一定的镀锌层厚度。故应根据当地的环境条件计算，且不应小于 70μm。

③ 塑料钢筋做的拉结件，应当进行耐碱性能试验和模拟气候条件的耐久性试验。

④ 拉结件需要具有专业资质的第三方进行相关材料力学性能的检验。

## 1.3.2　结构材料

### 1. 混凝土

（1）《装配式混凝土结构技术规程》要求"预制构件的混凝土强度等级不宜低于 C30；预应力混凝土预制构件的强度等级不宜低于 C40，且不应低于 C30；现浇混凝土的强度等级不应低于 C25"。装配式混凝土建筑混凝土强度等级的起点比现浇混凝土建筑高一个等级。

（2）当提高混凝土强度等级时，对套筒在混凝土中的锚固有利。在梁柱节点处，利用高强度混凝土和高强钢筋可以减少钢筋设置，能有效避免钢筋设置过密、套筒间距过小而影响混凝土浇筑。

（3）高强度混凝土和高强钢筋的使用对提高整个建筑质量和安全有利，注意以下几点：

1）预制构件结合部位和预制梁板的后浇混凝土，强度等级应比预制构件的混凝土强度等级一样。

2）不同强度等级的结构构件组成一个构件时，混凝土的强度等级应按设计要求的各自的强度等级制作。

3）预制构件的混凝土配合比不宜直接套用商品混凝土的配合比。

4）项目现场现浇的混凝土强度等级和其他物理性能应符合设计要求。

### 2. 钢材

（1）钢材一般选用普通碳素钢。其中 Q235 最常用，其屈服点为 235MPa，抗拉强度为 375～500MPa。

（2）预埋件锚板用钢材应采用 Q235、Q345 级钢，钢材等级不应低于 Q235B。预埋件的锚筋应采用未经冷加工热轧钢筋制作。

（3）碳素结构钢取样：

1）碳素结构钢应按批进行检查和验收：每批由同一牌号、同一炉号、同一等级、同一尺寸、同一交货状态、同一进场时间的钢材组成。每批数量不得大于 60t，每批取试件一组，其中一个做拉伸试验，另一个做冷弯试验。

2）取样方法：试件应在外观及尺寸合格的钢材上取，取件时应防止受热、加工硬化及变形而影响其力学性能。

3）试验项目：拉伸试验（屈服强度、抗拉强度、伸长率）、冷弯试验。

**3. 钢筋**

（1）普通钢筋采用套筒灌浆连接和浆锚搭接连接时，钢筋应采用热轧带肋钢筋。

（2）在装配式混凝土结构设计时，考虑到连接套筒、浆锚螺旋筋、钢筋连接和预埋件相对现浇结构更"拥挤"，宜选用大直径高强度钢筋，以减少钢筋根数，避免间距过小对混凝土浇筑的不利影响。

（3）当预制构件的吊环用钢筋制作时，应采用未经冷加工的 HPB300 级钢筋制作。

（4）预应力筋宜采用预应力钢丝、钢绞线和预应力钢筋。

（5）预制构件不能使用冷拔钢筋。当用冷拉办法调直钢筋时，必须控制冷拉率，光圆钢筋冷拉率应小于 4%，带肋钢筋冷拉率应小于 1%。

**4. 钢绞线**

（1）钢绞线应成批验收，每批钢绞线由同一牌号、同一规格、同一生产工艺制造的钢绞线组成。每批质量不大于 60t。

钢绞线的检验项目及取样数量应符合表 1.3-3 的规定。

表 1.3-3　　　　　　　　　钢绞线的检验项目及取样数量

| 序号 | 检验项目 | 取样数量 | 取样部位 | 检验方法 |
|---|---|---|---|---|
| 1 | 表面 | 逐盘卷 | — | 目视 |
| 2 | 外形尺寸 | 逐盘卷 | — | 按标准 |
| 3 | 钢绞线伸直性 | 3 根每批 | 在每（任）盘卷中任意一端截取 | |
| 4 | 整根钢绞线最大力 | 3 根每批 | | |
| 5 | 规定非比例延伸力 | 3 根每批 | | |
| 6 | 最大力总伸长率 | 3 根每批 | | |
| 7 | 应力松弛性能 | 每合同批不少于 1 根 | | |

（2）钢绞线表面质量要求：

1）钢绞线表面不得有油、润滑剂等物质。钢绞线允许有轻微的浮锈，但不得有目视可见的锈蚀麻坑。

2）目测检查钢绞线表面允许有回火颜色。

（3）钢绞线公称直径、尺寸偏差及力学性能指标检测：

1）不同结构预应力钢绞线的公称直径、直径允许偏差、测量尺寸及测量尺寸允许偏差应符合《预应力混凝土用钢绞线》（GB/T 5224—2014）的相关要求。

2）钢绞线的拉伸试验、伸直性、应力松弛性能试验等力学性能指标应分别符合《预应力混凝土用钢绞线》（GB/T 5224—2014）的相关要求。

**5. 建筑密封胶**

（1）混凝土接缝建筑密封胶基本要求：

1）建筑密封胶应与混凝土具有相容性。

2）应当有较好的弹性，可压缩比率大。

3）具有较好的耐候性、环保性以及可涂装性。

4）接缝中的背衬可采用发泡氯丁橡胶或聚乙烯塑料棒。

（2）目前主要采用的密封胶有丙烯酸类、聚氨酯类、有机硅酮类和聚硫橡胶类。

单组分和双组分聚氨酯弹性密封胶具有优良的弹性、耐低温性、耐磨性和对基材良好的黏附性等特点。但是它的耐候性较差，所以不适合用于直接暴露在阳光直射的外墙工程。

硅酮密封胶的特点是弹性好、耐候、耐热、耐低温、耐湿热以及优良的化学稳定性和良好的电性能，在室温下就可以固化，使用方便。它最大的缺点是耐污染性差，在硅酮密封胶的接缝处污染严重，影响美观。

聚硫密封胶具有耐油、耐溶剂、抗振动、耐疲劳等优点，并具有极低的透水性、透气性。它的缺点是伸长率较低，一般情况下小于 300%，其耐老化性和耐寒性同样不佳。

### 1.3.3　其他材料

**1. 钢筋间隔件**

（1）钢筋间隔件即保护层垫块，是用来控制钢筋保护层厚度或钢筋间距的物件。按材料分为水泥基类、塑料类和金属类。

（2）选用原则如下：

1）水泥砂浆间隔件强度较低，不宜选用。

2）混凝土间隔件的强度应当比预制构件混凝土强度等级提高级，且不应低于 C30。

3）不得使用断裂、破碎的混凝土间隔件。

4）塑料间隔件不得采用聚氯乙烯类塑料或二级以下再生塑料制作。

5）塑料间隔件可作为表层间隔件，但环形塑料间隔件不宜用于梁、板底部。

6）不得使用老化断裂或缺损的塑料间隔件。

7）金属间隔件可作为内部间隔件，不应用作表层间隔件。

**2. 内埋式螺母**

（1）预制构件宜采用内埋式螺母和内埋式吊杆等。

（2）内埋式螺母具有预制构件制作时模具不用穿孔，运输、存放、安装过程不会剐碰等优点。

（3）内埋式金属螺母的材质为高强度的碳素结构钢或合金结构钢。

（4）按锚固方式不同将内埋式金属螺母分为螺纹型、工字型、燕尾型和穿孔插入钢筋型。

**3. 内埋式吊钉**

内埋式吊钉是专用于吊装的预埋件，吊钩卡具连接非常方便，如图 1.3-4 所示。

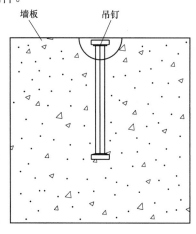

图 1.3-4　内埋式吊钉

# 本节练习题及答案

1.（单选）用于钢筋浆锚搭接连接金属波纹管的钢带厚度不小于（    ），波纹高度不小于（    ）。

A. 0.3mm，2.0mm

B. 0.3mm，2.5mm

C. 0.5mm，2.0mm

D. 0.5mm，2.5mm

【答案】B

2.（多选）灌浆套筒的有关规定，下列说法正确的是（    ）。

A. 当钢筋直径为 12mm 时，套筒灌浆段最小内径与连接钢筋公称直径差最小值为 10mm

B. 当钢筋直径为 25mm 时，套筒灌浆段最小内径与连接钢筋公称直径差最小值为 10mm

C. 当钢筋直径为 40mm 时，套筒灌浆段最小内径与连接钢筋公称直径差最小值为 15mm

D. 用于钢筋锚固的深度不宜小于插入钢筋公称直径的 10 倍

【答案】ABC

# 第2章 装配式建筑构件设计

## 2.1 设计概述

### 2.1.1 模数协调

#### 1. 模数概念

所谓模数就是选定的尺寸单位，作为尺度协调中的增值单位。

#### 2. 模数协调的含义

模数协调是应用模数实现尺寸协调及安装位置的表达和过程。

#### 3. 建筑基本模数、扩大模数和分模数

基本模数是指模数协调中的基本尺寸单位，用 M 表示。

扩大模数是基本模数在整数倍数。

分模数是基本模数的整数分数。

#### 4. 模数相关规定

《装配式混凝土建筑技术标准》（GB/T 51231—2016）规定

（1）装配式混凝土建筑的开间或柱距、进深或跨度、门窗洞口等宜采用水平扩大模数数列 2nM、3nM。

（2）装配式混凝土建筑的层高和门窗洞口高度等宜采用竖向扩大模数数列 nM。

（3）梁、柱、墙等部件的截面尺寸等宜采用竖向扩大模数数列 nM。

（4）构造节点和部件的接口尺寸采用分模数数列 M/2、nM/5、nM/10。

### 2.1.2 标准化设计

#### 1. 模块化设计概念

模块是指建筑中相对独立，具有特定功能，能够通用互换的单元。装配式建筑的部品部件及部品部件的接口宜采用模块化设计。

#### 2. 模块化设计要求

《装配式混凝土建筑技术标准》（GB/T 51231—2016）规定：

（1）对于公共建筑，应采用楼电梯、公共卫生间、公共管井、基本单元等模块进行组合设计。

（2）对于住宅建筑，应采用楼电梯、公共管井、集成式厨房、集成式卫生间等模块进行组合设计，并设置满足功能需求的接口。

（3）关于装配式混凝土建筑部品部件的接口要求应采用标准化接口统一接口的几何

尺寸、材料和连接方式，实现直接或间接连接。

### 2.1.3 集成化设计

在装配式混凝土建筑设计中，集成化设计指建筑结构系统、外围护系统、设备与管线系统和内装系统的一体化设计。

（1）集成设计能提高质量、减少误差、提升效率、减少人工、减少浪费和缩短工期。

（2）集成设计应遵循实用原则、统筹原则、信息化原则和效果跟踪原则。

### 2.1.4 结构设计

#### 1. 现浇范围

《装配式混凝土建筑技术标准》（GB/T 51231—2016）和《装配式混凝土结构技术规程》（JGJ 1—2014）中关于高层装配整体式结构现浇部位的规定：

（1）当设置地下室时，地下室宜采用现浇混凝土。

（2）剪力墙结构和部分框支剪力墙底部加强部位宜采用现浇混凝土。

（3）框架结构首层柱宜采用现浇混凝土，顶层宜采用现浇楼盖结构。

（4）当底部加强部位的剪力墙、框架结构的首层柱采用预制混凝土时，应采取可靠技术措施。

（5）带转换层的装配整体式结构当采用部分框支剪力墙结构时，底部框支层不宜超过2层，且框支层及相邻上一层应采用现浇结构；部分框支剪力墙以外的结构中，转换梁、转换柱宜现浇。

（6）剪力墙结构屋顶层可采用预制剪力墙及叠合楼板，但考虑到结构整体性、构件种类、温度应力等因素，建议采用现浇构件。

（7）住宅标准层卫生间、电梯前室、公共交通走廊宜采用现浇结构。

（8）电梯井、楼梯间剪力墙宜采用现浇结构。

（9）折板楼梯宜采用现浇结构。

#### 2. 抗震设计要求

装配式混凝土建筑适用于抗震设计防烈度为8度及8度以下地区的乙类、丙类建筑。

#### 3. 构件作用力的规定

预制构件在不同情况下的作用力应符合《装配式混凝土结构技术规程》（JGJ 1—2014）规定：

（1）预制构件在翻转、运输、吊运、安装等短暂设计状况下的施工验算，应将构件自重标准值乘以动力系数后作为等效静力荷载标准值。构件运输、吊运时，动力系数宜取1.5；构件翻转及安装过程中就位、临时固定时，动力系数可取1.2。

（2）预制构件进行脱模验算时，等效静力荷载标准值应取构件自重标准值乘以动力系数与脱模吸附力之和，且不宜小于构件自重标准值的1.5倍。动力系数与脱模吸附力应符合下列规定：

1）动力系数不宜小于 1.2。

2）脱模吸附力应根据构件和模具的实际状况选用，且不宜小于 $1.5kN/m^2$。

## 2.1.5 构件设计

关于构件设计，《装配式混凝土建筑技术标准》（GB/T 51231—2016）和《装配式混凝土结构技术规程》（JGJ 1—2014）主要规定如下：

（1）对持久设计状况，应对预制构件进行承载力、变形、裂缝控制验算。

（2）对地震设计状况，应对预制构件进行承载力计算。

（3）对制作、运输和堆放、安装等短暂设计状况下的预制构件验算，应符合相关规定。

（4）当预制构件中的钢筋混凝土保护层厚度大于 50mm 时，宜对钢筋的混凝土保护层采取有效的构造措施。

（5）预制构件的形状、尺寸、重量等应满足制作、运输、安全各环节的要求。

（6）预制构件的配筋设计应便于工厂化生产和现场连接。

## 2.1.6 连接方式

**1. 接缝承载力**

（1）接缝的压力通过后浇混凝土、灌浆料或座浆材料直接传递；拉力通过由各种方式连接的钢筋、预埋件传递。

（2）预制构件连接接缝一般采用强度等级高于构件的后浇混凝土、灌浆料或座浆材料，当穿过接缝的钢筋数量不少于构件内钢筋数量并且构造符合《装配式混凝土结构技术规程》（JGJ 1—2014）规定时，节点及接缝的正截面受压、受拉及受弯承载力一般不低于构件，可不必进行承载力验算。当要计算时，可按照混凝土构件正截面的计算方法进行，混凝土强度取接缝及构件混凝土强度的较低值，钢筋取穿过正截面且有可靠锚固的钢筋数量。

**2. 套筒灌浆连接**

（1）连接要求。

1）预制剪力墙中钢筋接头处套筒外侧钢筋混凝土保护层厚度不应小于 15mm，预制中钢筋接头处套筒外侧箍筋的混凝土保护层厚度不应小于 20mm。

2）套筒之间净距不应小于 25mm。

3）预制结构构件采用钢筋套筒灌浆连接时，应在构件生产前进行钢筋套筒灌浆连接接头的抗拉强度试验，每种规格的连接接头试件数量不应少于 3 个。

4）当预制构件中钢筋的混凝土保护层厚度大于 50mm 时，宜对钢筋的混凝土保护层采取有效的构造措施（如铺设钢筋网片等）。

（2）注意事项。

1）采用套筒灌浆连接时，钢筋应是带肋钢筋。

2）设计图须给出套筒和灌浆料的选用要求。

3）由于套筒直径大于所对应的钢筋直径，因此：

① 套筒区箍筋尺寸与非套筒区箍筋尺寸不一样，且箍筋间距加密。

② 两个区域保护层厚度不一样，在结构计算时，应当注意由于套筒引起的受力钢筋保护层厚度的增大。

③ 对于按照现浇进行结构设计，之后才决定做装配式的工程，以套筒箍筋保护层作为控制因素，或断面尺寸不变，受力钢筋"内移"，断面尺寸扩大，由此会改变构件刚度。结构设计必须进行复核计算做出选择。

**3. 浆锚搭接**

（1）搭接要求。《装配式混凝土结构技术规程》（JGJ 1—2014）规定：

1）对于框架结构，当房屋高度大于 12m 或层数超过 3 层时，宜采用套筒灌浆连接。

2）直径大于 20mm 的钢筋不宜采用浆锚搭接连接。

3）直接承受动力荷载构件的纵向钢筋不应采用浆锚搭接连接。

4）纵向钢筋采用浆锚搭接连接时，对预留成孔工艺、孔道形状和长度、构造要求、灌浆料和被连接钢筋，应进行力学性能以及适用性的试验验证。

（2）注意事项。

1）钢筋应采用带肋钢筋，不能采用光圆钢筋。

2）按规范规定给出灌浆料选用要求。

3）根据浆锚连接的技术要求确定钢筋搭接长度、孔道长度。

4）要保证螺旋筋保护层，因此受力筋的保护层增大。

**4. 后浇混凝土连接**

关于后浇混凝土，《装配式混凝土建筑技术标准》（GB/T 51231—2016）、《装配式混凝土结构技术规程》（JGJ 1—2014）有如下规定：

（1）预制构件拼接部位的后浇混凝土强度等级不应低于预制构件的混凝土强度等级。

（2）预制构件的拼接应考虑温度作用和混凝土收缩徐变的比例影响，宜适当增加构造钢筋。

（3）预制构件纵向钢筋宜在后浇混凝土内直线锚固；当直线锚固长度不足时，可采用弯折、机械锚固方式，并应符合现行国家标准的规定。

**5. 粗糙面与键槽**

预制构件与后浇混凝土、灌浆料、座浆材料的结合面应设置粗糙面、键槽，并应符合下列规定：

（1）预制板与后浇混凝土叠合层之间的结合面应设置粗糙面。

（2）预制梁与后浇混凝土叠合层之间的结合面应设置粗糙面；预制梁端面应设置键槽，且宜设置粗糙面。键槽的尺寸和数量根据计算确定，键槽的深度不宜小于 3mm，宽度不宜小于深度的 3 倍且不宜大于深度的 10 倍；键槽可贯通截面，当不贯通时槽口距离边缘不宜小于 50mm；键槽间距宜等于键槽宽度；键槽端部斜面倾角不宜大于 30°。

（3）预制剪力墙的顶部和底部与后浇混凝土的结合面应设置粗糙面。侧面与后浇混凝土的结合面应设置粗糙面，也可设置键槽；键槽深度不宜小于 20mm，宽度不宜小于深度的 3 倍且不宜大于深度的 10 倍；键槽间距宜等于键槽宽度；键槽端部斜面倾角不宜大于 30°。

（4）预制柱的底部应设置键槽，键槽应均匀布置，键槽深度不宜小于 30mm，键槽端部斜面倾角不宜大于 30°，柱顶应设置粗糙面。

（5）粗糙面的面积不宜小于结合面的 80%，预制板的粗糙面凹凸深度不应小于 4mm，预制梁端、预制柱端、预制墙端的粗糙面凹凸深度不应小于 6mm。

## 2.1.7　拆分设计

**1. 拆分设计原则**

拆分设计须遵循以下原则：

（1）符合标准和政策要求。

（2）各专业各环节相互协同。

（3）结构合理。

（4）符合制作、运输、安装等环节的约束条件。

**2. 拆分设计步骤（图 2.1-1）**

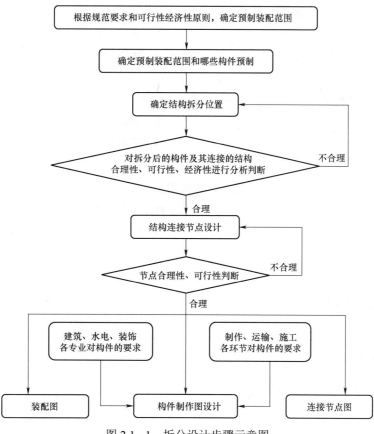

图 2.1-1　拆分设计步骤示意图

**3. 拆分布置图**

拆分布置图包括平面拆分布置图、立面拆分布置图和剖面拆分图。

# 本节练习题及答案

1.（单选）基本模数用（　　　）表示。

A. mm　　　　　　　B. cm　　　　　　　C. m　　　　　　　D. dm

【答案】C

2.（单选）预制构件设计相关规定要求,当构件中的钢筋混凝土保护层厚度大于（　　　）时, 宜对钢筋的混凝土保护层采取构造措施。

A. 50mm　　　　　B. 70mm　　　　　C. 100mm　　　　　D. 120mm

【答案】A

3.（单选）对于框架结构,当房屋高度大于 12m 或层数超过 3 层时,宜采用（　　　）。

A. 浆锚搭接连接　　　　　　　　　　B. 套筒灌浆连接

C. 焊接　　　　　　　　　　　　　　D. 搭接连接

【答案】B

4.（单选）当结构连接节点设计完成后,马上应该进行的工作是（　　　）。

A. 绘制连接节点图　　　　　　　　　B. 绘制构件制作图

C. 判断节点的合理性、可行性　　　　D. 制作装配图

【答案】C

5.（多选）装配式由（　　　）集成。

A. 结构系统　　　　　　　　　　　　B. 设备及管线系统

C. 外围护系统　　　　　　　　　　　D. 楼盖系统

【答案】ABC

6.（多选）构件拆分完成后,应该绘制的图形有（　　　）。

A. 平面拆分布置图　　　　　　　　　B. 立面拆分布置图

C. 构件平面图　　　　　　　　　　　D. 剖面拆分图

【答案】ABD

# 2.2　构造设计

## 2.2.1　外墙保温设计

夹芯保温构件如图 2.2-1 所示。

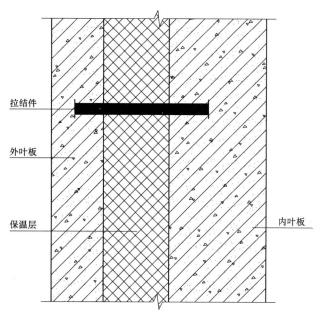

图 2.2－1 夹芯保温板构造

（1）夹芯保温板国外称为"三明治板"。由钢筋混凝土外叶板、保温层和钢筋混凝土内叶板组成。

（2）夹芯保温构件的外叶板最小厚度为 50mm，用拉结件与内叶板连接。

（3）夹芯保温构件的保温材料可用 XPS（挤塑板），不能用 EPS 板。

## 2.2.2 外挂墙板设计

### 1. 拆分设计原则

外挂墙板具有整体性，尺寸根据层高与开间大小确定。外挂墙板一般用 4 个节点与主体结构连接，宽度小于 1.2m 的板也可以用 3 个节点连接。比较多的方式是一块墙板覆盖一个开间和层高范围，称为整间板。如果层高较高，或开间较大，或重量限制，或建筑风格的要求，墙板也可灵活拆分，但都必须与主体结构连接。有上下连接到梁或楼板上的竖向板，左右连接到柱子上的横向板，也有悬挂在楼板或梁上的横向板。

关于外挂墙板，有"小规格多组合"的主张，这对规格化墙板是正确的，但对外挂墙板不合适。外挂墙板的拆分原则在满足条件的情况下，大一些为好。

### 2. 墙板类型

（1）整间板：整间板是覆盖一跨和一层楼高的板，安装节点一般设置在梁或楼板上。

（2）横向板：横向板是水平方向的板，安装节点设置在柱子或楼板上。

（3）竖向板：竖向板是竖直方向的板，安装节点设置在柱旁或上下楼板、梁上。

### 3. 转角拆分

建筑平面的转角有阳角直角、斜角和阴角，拆分示意图如图 2.2－2～图 2.2－4 所示。

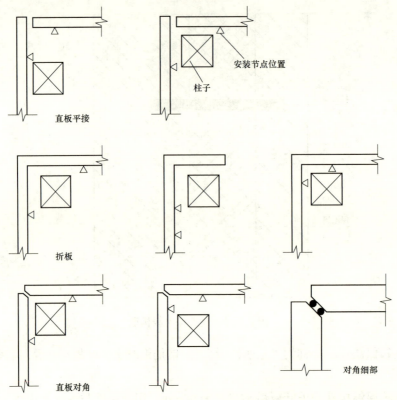

图 2.2-2　平面阳角直角拆分示意图

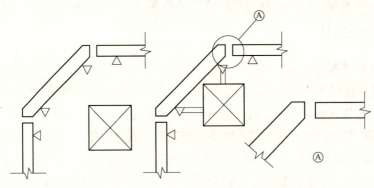

图 2.2-3　平面斜角拆分示意图

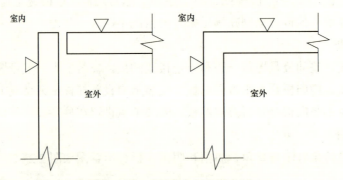

图 2.2-4　平面阴角拆分示意图

**4. 外挂墙板接缝宽度设计**

（1）墙板与墙板之间水平方向接缝（竖缝）宽度应考虑如下因素：

1）温度变化引起的墙板与结构的变形差。

2）结构会发生层间位移时，墙板不应当随之扭曲，接缝要留出板平面内移动的预留量。

3）密封胶或胶条可压缩空间比率，温度变形和地震位移要求的是净空间，所以密封胶或胶条压缩后的空间才是有效的。

4）安装允许误差。

5）留有一定的富余量。

（2）通过计算的竖缝宽度如果小于 20mm，应按照 20mm 设定缝宽。

## 2.2.3　夹芯保温剪力墙外墙板设计

**1. 外墙水平缝节点**

夹芯保温剪力墙外墙的内叶墙是通过套筒灌浆料或浆锚搭接的方式与后浇混凝土连接，外叶板水平缝及其防水构造（图 2.2-5）。

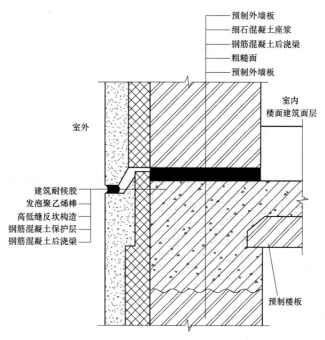

图 2.2-5　水平缝构造示意图

**2. 外墙竖缝节点**

剪力墙外墙的竖缝一般是在后浇混凝土区（图 2.2-6）。

图 2.2-6 竖缝构造示意图

### 2.2.4 外墙门窗安装方式

装配式混凝土建筑外墙门窗有两种安装方式，一种是与预制墙板一体化制作，另一种是在预制墙板做好或就位后安装。

### 2.2.5 滴水构造设计

需设置滴水的构件包括窗上口的梁或墙、挑檐板、阳台、飘窗顶板、空调板、遮阳板等水平方向悬挑构件。预制构件的滴水构造宜用滴水槽，不适宜用鹰嘴构造。滴水槽采用硅胶条模具形成或埋设塑料槽。

### 2.2.6 阳台设计

（1）阳台的类型：阳台板为悬挑板式构件，有叠合式和全预制式两种类型，全预制式又分为全预制板式和全预制梁式，如图 2.2-7 所示。

（2）阳台的设计要求：装配式预制阳台的坡度、排水等与现浇基本相同，但是要有防雷构造，预制阳台板内需设置防雷引下线。

### 2.2.7 预制墙板接缝构造设计

**1. 预制外墙板接缝类型**

预制外墙板接缝分为水平缝、垂直缝、斜缝、十字缝、变形缝等形式。

**2. 预制外墙板接缝防水设计**

（1）预制外墙板接缝防水设计应符合《装配式混凝土建筑技术标准》（GB/T 51231—2016）有关规定：

1）接缝位置宜与建筑立面分格相对应。

2）竖缝宜采用平口或槽口构造，平缝宜采用企口构造。

3）当板缝空腔需设置导水管排水时，板缝内侧应增设密封构造。

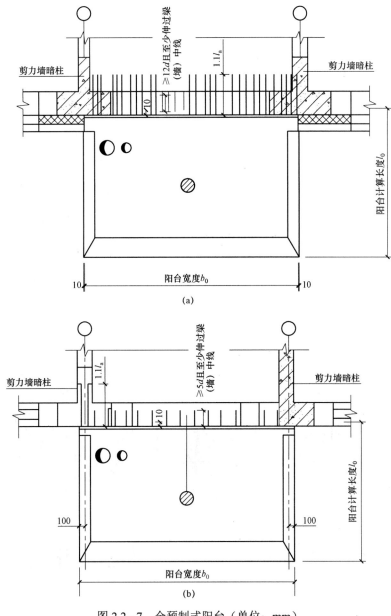

图 2.2-7　全预制式阳台（单位：mm）

（a）全预制板式阳台；（b）全预制梁式阳台

4）宜避免接缝跨越防火分区。当接缝跨越防火分区时，接缝内侧应采用耐火材料封堵。

（2）接缝构造。

1）无保温墙板接缝构造。预制墙板水平缝防水设置包括密封胶、橡胶条和企口构造，竖缝防水设置为密封胶、橡胶条和排水槽（图 2.2-8）。

2）夹芯保温板接缝构造。夹芯保温板接缝有两种方案：A 方案，防水构造分别设置在外叶板和内叶板上。B 方案是将密封胶、橡胶条和企口都设置在外叶板上，对保温层有防水保护（图 2.2-9）。

3）夹芯保温板外叶板端部封头构造。夹芯保温板接缝在柱子处，且夹芯保温层厚度不大的情况下，外叶板端部可做封头处理（图2.2-10）。

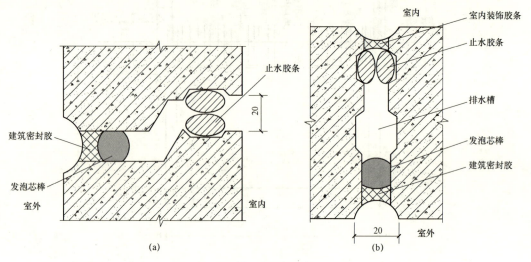

图2.2-8　无保温墙板接缝构造示意图
（a）水平缝；（b）竖向缝

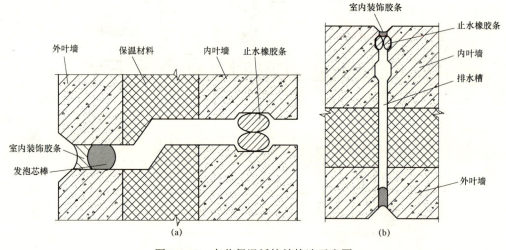

图2.2-9　夹芯保温板接缝构造示意图
（a）水平缝；（b）竖向缝

**3. 预制外墙构件接缝防火设计**

（1）预制外墙构件接缝防火设计应符合《装配式混凝土建筑技术标准》（GB/T 51231—2016）规定：

1）露明的金属支撑构件及墙板内侧与主体结构的调整间隙，应采用燃烧性能等级为A级的材料进行封堵，封堵构造的耐火极限不低于墙体的耐火极限，封堵材料在耐火极限内不得开裂、脱落。

2）防火性能应按非承重外墙的要求执行，当夹芯保温材料的燃烧性能等级为B1或B2级时，内、外叶墙板应采用不燃材料且厚度均不应小于50mm。

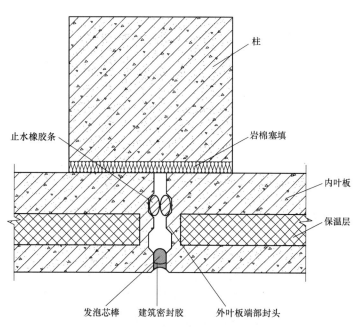

图 2.2-10　外叶板封头的夹芯保温板接缝构造示意图

（2）外挂墙板防火构造。外挂墙板防火构造的三个部位有防火要求的板缝、层间缝隙和板柱之间缝隙。

1）外挂墙板板缝防火构造示意图如图 2.2-11 所示。

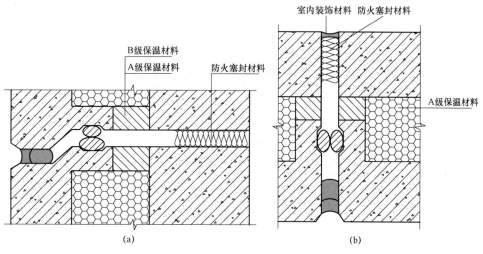

图 2.2-11　外挂墙板板缝防火构造示意图
（a）水平缝；（b）竖向缝

2）外挂墙板与楼板或梁之间（层间）缝隙防火构造示意图如图 2.2-12 所示。

3）外挂墙板与柱或内隔墙（板柱）之间缝隙防火构造示意图如图 2.2-13 所示。

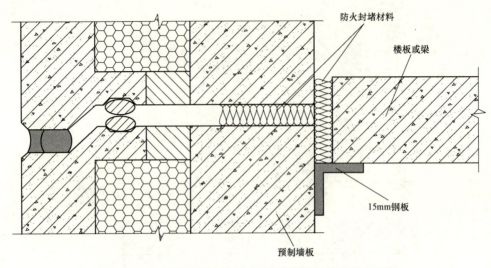

图 2.2－12　外挂墙板与楼板或梁之间缝隙防火构造示意图

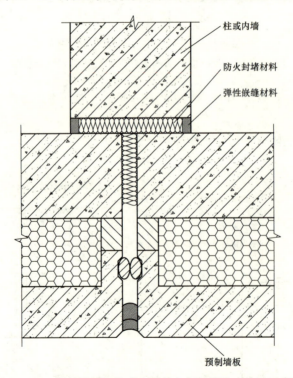

图 2.2－13　外挂墙板与柱或内隔墙之间缝隙防火构造示意图

# 本节练习题及答案

1.（单选）关于规格化的外挂墙板，拆分原则是（　　　）。

A. 小规格多组合　　B. 大规格少组合　　C. 尽量大一些　　D. 尽量小一些

【答案】A

2.（单选）预制构件的滴水构造宜采用（　　）。

A. 鹰嘴　　　　　　　B. 滴水槽　　　　　　C. 鹰嘴+滴水槽　　　D. 反边

【答案】B

3.（多选）预制外墙接缝设计，竖缝宜采用（　　）。

A. 平口　　　　　　　B. 槽口　　　　　　　C. 企口　　　　　　　D. 变形缝

【答案】AB

4.（多选）装配式外围护系统包括（　　）。

A. 屋面系统　　　B. 外墙系统　　　　C. 楼面系统　　　　D. 隔墙系统

【答案】AB

# 2.3　楼板设计

## 2.3.1　楼板类型

装配式混凝土建筑楼板包括叠合楼板、全预制楼板和现浇楼板。

## 2.3.2　楼板拆分

### 1. 现浇楼板范围

宜现浇的楼板包括：

（1）结构转换层和作为上部结构嵌固部位的楼层或地下室。

（2）开洞较大的楼层。

（3）屋面层和平面受力复杂的楼层。

（4）通过管线较多的楼板，如电梯间、前室。

（5）局部下沉的不规则楼板，如卫生间。

### 2. 楼板选用与拆分原则

（1）选用原则。选用楼板须符合建筑功能、结构类型、跨度、构件厂家生产条件、经济性和便利性等要求。

（2）拆分原则。

1）在板的次要受力方向拆分，即板缝应当垂直于板的长边（图 2.3-1）。

2）在板的受力小的部位分缝（图 2.3-2）。

3）板的宽度不能超过运输超宽的限制和工厂生产线模台宽度的限制，一般不超过3.5m。

4）尽可能统一或减少板的规格。

5）有管线穿过的楼板，拆分时须考虑避免管线与钢筋或桁架筋冲突。

6）顶棚无吊顶时，板缝应避开灯具、接线盒或吊扇位置。

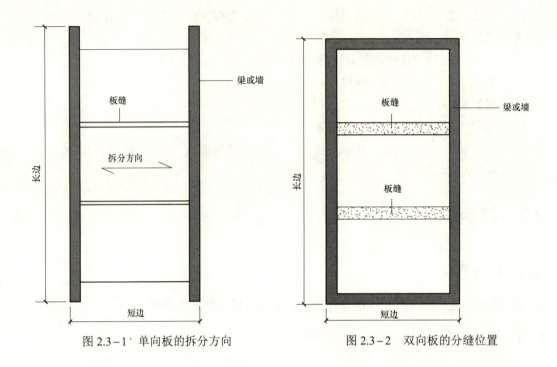

图 2.3-1 单向板的拆分方向       图 2.3-2 双向板的分缝位置

### 2.3.3 普通叠合楼板设计

普通叠合楼板也就是非预应力叠合楼板，是应用最广泛的楼板。

**1. 叠合板的设计要求**

（1）叠合板的预制板厚度不宜小于 60mm，后浇混凝土叠合层厚度不应小于 60mm。

（2）当叠合板的预制板采用空心板时，板端空腔应封堵。

（3）跨度大于 3m 的叠合板，宜采用钢筋混凝土桁架筋叠合板。

（4）跨度大于 6m 的叠合板，宜采用预应力混凝土叠合板。

（5）厚度大于 180mm 的叠合板，宜采用混凝土空心板。

**2. 叠合板的类型**

叠合板分为单向板和双向板两种情况。

当预制板之间采用分离式接缝时，宜按单向板设计；对长宽比不大于 3 的四边支承叠合板，当其预制板之间采用整体式接缝或无接缝时，可按双向板计算（图 2.3-3）。

叠合楼板平面尺寸的确定需考虑如下因素：

（1）叠合楼板的支座的平面尺寸。

（2）叠合楼板分缝原则。

（3）叠合楼板工厂生产模台尺寸。

（4）运输宽度限制。

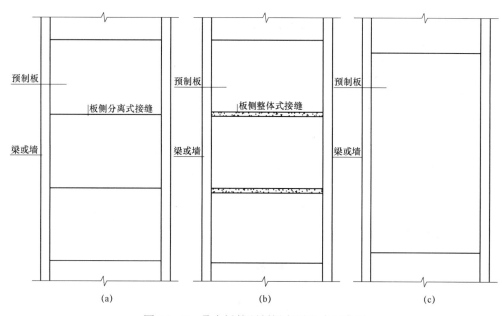

图 2.3－3　叠合板的预制板布置形式示意图

（a）单向叠合板；（b）带接缝的双向叠合板；（c）无接缝的双向叠合板

双向板虽然在配筋上较单向板节省，但如果板侧四面都要出筋，现场浇筑混凝土后浇带，代价更大，得不偿失。

**3. 板缝的设置**

板缝分为分离式和整体式两种情况。

现浇混凝土楼板没有接缝，只要长宽比不大于 2 都按双向板计算。叠合楼板在长宽比不大于 2 时，如果采用分离缝式接，就按照单向板设计。

**4. 叠合楼板的存放**

叠合板预制板一般多层存放，安装后需临时支撑。设计方应给出存放和支撑的支撑点位置，以及允许叠放层数（一般不超过 6 层）。

**5. 支座点设计**

（1）叠合板支座处，预制板内的纵向受力钢筋板端宜伸出并锚入支撑梁或墙的后浇混凝土中，锚固长度不应小于 $5d$（$d$ 为纵向受力钢筋直径），且宜过支座中心线（图 2.3－4）。

（2）单向叠合板的板侧支座处，当预制板内的板底分布钢筋伸入支承梁或墙的后浇混凝土中时应符合①的要求，当底板分布钢筋不伸入支座时，宜在紧邻预制板顶面的后浇混凝土叠合层中设置附加钢筋，附加钢筋截面面积不宜小于预制板内的同向分布钢筋面积，间距不宜大于 600mm，在板的后浇混凝土叠合层内锚固长度不应小于 $15d$（$d$ 为附加钢筋直径），在支座内锚固长度不应小于 $5d$（$d$ 为附加钢筋直径），且宜过支座中心线（图 2.3－5）。

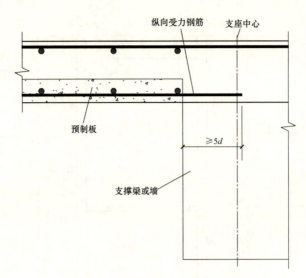

图 2.3-4　叠合板端支座构造示意图

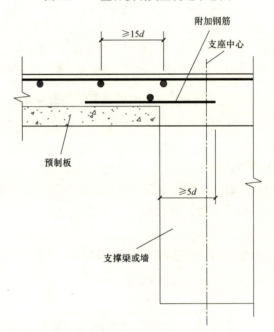

图 2.3-5　叠合板板侧支座构造示意图

（3）当桁架钢筋混凝土叠合楼板的后浇混凝土叠合层厚度不小于 100mm 且不小于预制板厚度 1.5 倍时，支承端制板内纵向受力钢筋可采用间接搭接方式锚入支承梁或墙的后浇混凝土中（图 2.3-6），并符合下列规定：

1）附加钢筋截面面积应通过计算确定，且不应少于受力方向跨中板底钢筋面积的 1/3。

2）附加钢筋直径不宜小于 8mm，间距不宜大于 250mm。

3）当附加钢筋为构造钢筋时，伸入楼板的长度不应小于与板底钢筋的受压搭接长度，伸入支座的长度不应小于 15d（d 为附加钢筋直径）且宜伸过支座中心线；当附加钢筋承受拉力时,伸入楼板的长度不应小于与板底钢筋的受拉搭接长度,伸入支座的长度不应小于受拉钢筋锚固长度。

4)垂直于附加钢筋的方向应布置横向分布钢筋,在搭接范围内不宜少于 3 根,且钢筋不宜小于 6mm,间距不宜大于 250mm。

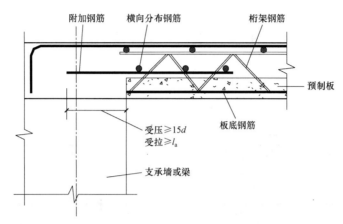

图 2.3-6 桁架钢筋混凝土叠合楼板板端构造示意图

**6. 接缝构造设计**

叠合板之间连接分为分离式接缝和整体式接缝连接。

(1)单向叠合板板侧的分离式接缝宜配置附加钢筋,并应符合以下列规定:

1)接缝处紧邻预制板顶面宜设置垂直于板缝的附加钢筋,附加钢筋伸入两侧后浇混凝土叠合层的锚固长度不应小于 15d(d 为附加钢筋直径)。

2)附加钢筋截面面积不宜小于预制板中该方向钢筋面积,钢筋直径不宜小于 6mm,间距不宜大于 250mm(图 2.3-7)。

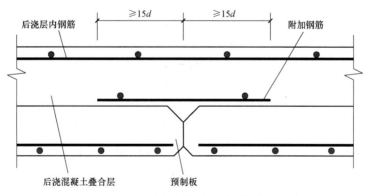

图 2.3-7 单向叠合板板侧分离式拼缝构造示意图

(2)双向叠合板板侧的整体式接缝宜设置在叠合板的次要受力方向上且宜避开最大弯矩截面,可设置在距支座 0.2L~0.3L 尺寸的位置(L 为双向板次要受力方向净跨度)。接缝可采用后浇带形式,并应符合下列规定:

1）后浇带宽度不宜小于200mm。

2）后浇带两侧板底纵向受力钢筋可在后浇带中焊接、搭接连接、弯折锚固。

3）当后浇带两侧板底纵向受力钢筋在后浇带中弯折锚固时，应符合下列规定：

① 叠合板厚度不应小于10d（d为弯折钢筋直径的较大值），且不应小于120mm。

② 接缝处预制板侧伸出的纵向受力钢筋应在后浇混凝土叠合层内锚固，且锚固长度不应小于$l_a$；两侧钢筋在接缝处重叠的长度不应小于10d，钢筋弯折角度不应大于30°，弯折处沿接缝方向应配置不少于2根通长构造钢筋，且直径不应小于该方向预制板内钢筋直径（图2.3-8）。

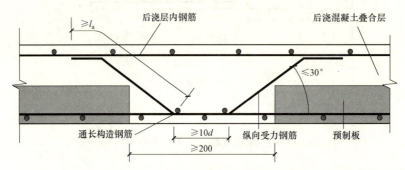

图2.3-8 双向叠合板整体式拼缝构造示意图（单位：mm）

（3）双向叠合板板侧的整体式接缝宜设置在叠合板的次要受力方向上且宜避开最大弯矩截面。接缝可采用后浇带形式，并应符合下列规定：

1）后浇带宽度不宜小于200mm。

2）后浇带两侧板底纵向受力钢筋可在后浇带中焊接、搭接连接、弯折锚固、机械连接。

3）当后浇带两侧板底纵向受力钢筋在后浇带中搭接连接时，应符合下列规定：

① 预制板板底外伸钢筋为直线形时，钢筋搭接长度应符合《混凝土结构设计规范》（GB 50010）的规定，如图2.3-9（a）所示。

② 预制板板底外伸钢筋为90°弯钩时，钢筋搭接长度应符合《混凝土结构设计规范》（GB 50010）有关钢筋锚固长度的规定，弯钩钢筋弯后直线段长度为12d，如图2.3-9（b）所示。

③ 预制板板底外伸钢筋为135°弯钩时，钢筋搭接长度应符合《混凝土结构设计规范》（GB 50010）有关钢筋锚固长度的规定，弯钩钢筋弯后直线段长度为5d，如图2.3-9（c）所示。

**7. 有桁架钢筋的普通叠合板**

普通叠合楼板预制底板桁架钢筋通过计算配置（图2.3-10），构造规定如下：

（1）桁架钢筋沿主要受力方向布置。

（2）桁架钢筋距离板边不应大于300mm，间距不宜大于600mm。

（3）桁架钢筋弦杆钢筋直径不宜小于8mm，腹杆钢筋直径不应小于4mm。

（4）桁架钢筋弦杆混凝土保护层厚度不应小于 15mm。

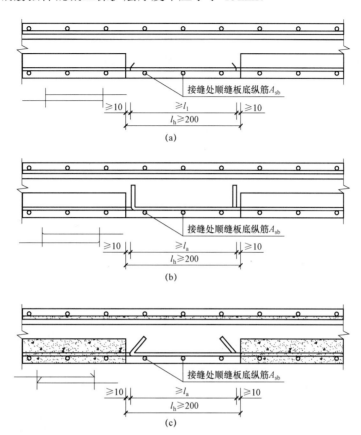

图 2.3－9　双向叠合板整体式接缝构造示意图（单位：mm）

（a）板底纵筋直线搭接；（b）板底纵筋末端带 90°弯钩搭接；

（c）板底纵筋末端带 135°弯钩搭接

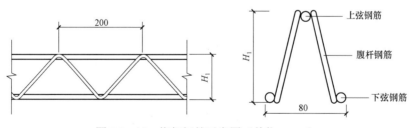

图 2.3－10　桁架钢筋示意图（单位：mm）

### 8. 没有桁架钢筋的普通叠合板

（1）当未设置桁架钢筋时，在下列情况下，叠合板的预制板与后浇混凝土叠合层之间应设置抗剪构造钢筋：

1）单向叠合板跨度大于 4.0m 时，距支座 1/4 跨范围内。

2）双向叠合板短向跨度大于 4.0m 时，距四边支座 1/4 跨范围内。

3）悬挑叠合板。

4）悬挑叠合板的上部纵向受力钢筋在相邻叠合板的后浇混凝土锚固范围内。

（2）叠合板的预制板与后浇混凝土叠合层之间设置的抗剪构造钢筋应符合下列规定：

1）抗剪构造钢筋宜采用马镫形状，间距不大于 400mm，钢筋直径 $d$ 不应小于 6mm。

2）马镫钢筋宜伸到叠合板上、下部纵向钢筋处，预埋在预制板内的总长度不应小于 15$d$，水平段长度不应小于 50mm。

### 9. 板的构造

叠合楼板构造包括预制板的边角构造、叠合板支座构造、其他构造等。

（1）预制板的边角构造。叠合板侧边上部边角做成 45° 倒角。单向板上下都做，双向板只上部做成如图 2.3-11 所示。对于有吊顶的屋盖，单向板下部倒角也可以不做。

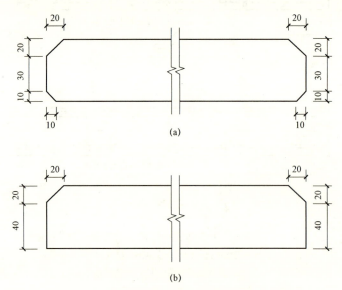

图 2.3-11 叠合板边角构造示意图（单位：mm）
（a）单向板断面图；（b）双向板断面图

（2）叠合板支座构造。

1）双向板和单向板的端支座。单向板和双向板的板端支座的节点是一样的，负弯矩钢筋伸入支座转直角锚固，下部钢筋伸入支座中心处。

2）双向板侧支座。双向板的每一边都是端支座，不存在侧支座，如果习惯把长边支座称为侧支座，那么它的构造也与端支座完全一样。

3）单向板侧支座。单向板的侧支座有两种情况，一种情况是板边"侵入"墙或梁10mm，如端支座一样；另一种情况是板边距离墙或梁有一个缝隙 $\sigma$（图 2.3-12）。单向板侧支座与端支座的不同就是在底板上表面伸入支座一根附加钢筋。

4）中间支座有多种情况：墙或梁的两侧是单向板还是双向板，支座对于两侧的板是端支座还是侧支座，如果是侧支座，是无缝支座还是有缝支座。

中间支座的构造设计有以下几个原则：

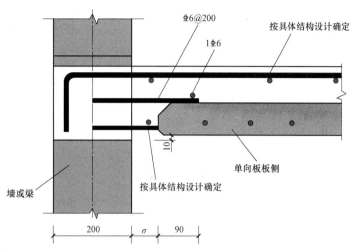

图 2.3－12　单向板侧支座构造示意图（单位：mm）

① 上部负弯矩钢筋伸入支座不用转弯，而是与另一侧板的负弯矩钢筋共用一根钢筋。

② 底部伸入支座的钢筋与端部支座或侧支座一样伸入即可。

③ 如果支座两边的板都是单向板侧边，连接钢筋合为一根，如果有一个板不是，则与板侧支座一样，伸到中心线位置。

中间支座两侧都是单向板侧边的情况如图 2.3－13 所示。

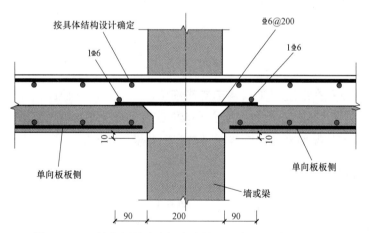

图 2.3－13　单向板侧边中间支座构造示意图（单位：mm）

（3）其他构造规定。

1）对于没有吊顶的楼板，当楼板需预埋灯具吊点与接线盒等，应避开板缝与钢筋。

2）对于有吊顶楼板，须预留内埋式金属螺母和塑料螺母。

3）叠合楼板底板需要预留洞口，当洞口边不长大于 300mm 时，可以进行局部钢筋弯折。当洞口边长大于 300mm 时，需要切断钢筋，应采取钢筋补强措施。

### 2.3.4 预应力混凝土双 T 板设计

**1. 采用预应力混凝土双 T 板的基本要求**

楼板、屋面采用预应力混凝土双 T 板时，应符合下列规定：

（1）双 T 板应支承在钢筋混凝土框架梁上，板跨小于 24m 时支承长度不宜小于 200mm；板跨大于或等于 24m 时支承长度不宜小于 250mm。

（2）当楼层结构高度较小时，可采用倒 T 形梁及双 T 板端部肋局部切角，切角高度不宜大于双 T 板板端高度的 1/3，并应计算支座处的抗抗弯承载力，配置普通抗弯构造钢筋。

（3）当支承双 T 板的框架梁采用倒 T 形梁时，支承双 T 板的框架梁挑耳厚度不宜小于 300mm；双 T 板端面与框架梁的净距不宜小于 10mm；框架梁挑耳部位应有可靠的补强措施。

（4）双 T 板预制楼盖体系宜采用设置后浇混凝土层的湿式体系，也可采用干式体系；后浇混凝土层厚度不宜小于 50mm，并应双向配置直径不小于 6mm，间距不大于 150mm 的钢筋网片，钢筋宜锚固在梁或墙内；双 T 板与后浇混凝土叠合层的结合面，应设置凹凸深度不小于 4mm 的粗糙面或设置抗剪构造钢筋。

**2. 双 T 板连接的具体要求**

预应力双 T 板翼缘间的连接可采用湿式连接、干式连接和混合连接，并应符合下列规定：

（1）连接件设计时，应将连接中除锚筋以外的其他部分（钢板、嵌条焊缝等）进行超强设计，以避免过早破坏。

（2）翼缘间的连接尚应抵抗施工荷载引起的内力。

（3）翼缘间的连接采用预埋八字筋件并于现场焊接固定时，八字筋的直径不宜小于 16mm，双 T 板的每一侧边至少应设置 2 处，间距不宜大于 2500mm。

**3. 双 T 板开洞口的要求**

当预应力混凝土双 T 板板面开设洞口时，应符合下列规定：

（1）洞口宜设置在靠近双 T 板端部支座部位，不应在同一截面连续开洞，同一截面的开洞率不应大于板宽的 1/3，开洞部位的截面应按等同原则加厚该截面。

（2）双 T 板的加厚部分应与板体同时制作，并采用相同等级的混凝土。

### 2.3.5 全预制楼板设计

全预制楼板是指没有叠合层的楼板，主要包括普通实心楼板、普通空心楼板、预应力空板（SP）和预应力双 T 板等。

当房屋层数不大于 3 层时，楼面可采用预制楼板。并应符合《装配式混凝土建筑技术规程》（JGJ 1—2014）规定：

（1）预制板在梁或墙上的搁置长度不应小于 60mm，当墙厚不能满足搁置长度要求时可设挑耳；板端后浇混凝土接缝宽度不宜小于 50mm，接缝内应配置连续的通长钢筋，钢筋直径不应小于 8mm。

（2）当板端伸出锚固钢筋时，两侧伸出的锚固钢筋应互相可靠连接，并应与支承墙伸出的钢筋、板端接缝内设置的通长钢筋拉结。

（3）当板端不伸出锚固钢筋时，应沿板跨方向布置连系钢筋。连系钢筋直径不应小于10mm，间距不应大于600mm；连系钢筋应与两侧预制板可靠连接，并应与支承墙伸出的钢筋、板端接缝内设置的通长钢筋拉结。

# 本节练习题及答案

1.（单选）规范规定，叠合板的预制板厚度不宜小于（　　），后浇混凝土叠合层厚度不应小于（　　）。

A. 60mm，60mm

B. 50mm，50mm

C. 60mm，50mm

D. 50mm，60mm

【答案】A

2.（多选）关于普通叠合楼板预制底板桁架钢筋配置规定正确的是（　　）。

A. 桁架钢筋沿次要受力方向布置

B. 桁架钢筋距离板边不应大于300mm，间距不宜大于600mm

C. 桁架钢筋弦杆钢筋直径不宜小于8mm，腹杆钢筋直径不应小于4mm

D. 桁架钢筋弦杆混凝土保护层厚度不应小于15mm

【答案】BCD

# 2.4　框架结构设计

## 2.4.1　框架结构设计概述

### 1. 框架结构设计的基本要求

（1）装配整体式框架结构可按现浇混凝土框架结构进行设计。

（2）装配整体式框架结构中，预制柱的纵向钢筋连接应符合下列规定：

1）当房屋高度不大于12m或层数不超过3层时，可采用套筒灌浆、浆锚搭接、焊接等连接方式。

2）当房屋高度大于12m或层数超过3层时，宜采用套筒灌浆连接。

3）装配整体式框架结构中，预制柱水平接缝处不宜出现拉力。

### 2. 梁柱节点核心区验算

对一、二、三级抗震等级的装配整体式框架结构，应进行梁柱节点核心区抗震受剪承载力验算，对四级抗震等级可不进行验算。

### 3. 叠合梁端竖向接缝受剪承载力

叠合梁端竖向接缝主要包括框架梁与节点区的接缝、梁自身连接的接缝以及次梁与主梁的接缝等几种类型。叠合梁端竖向接缝受剪承载力的组成主要包括新旧混凝土结合面的黏结力、键槽的抗剪能力、后浇混凝土叠合层的抗剪能力、梁纵向钢筋的销栓抗剪作用。

**4. 预制柱底水平缝受剪承载力**

预制柱底水平接缝受剪承载力的组成主要包括新旧混凝土结合面的黏结力、粗糙面或键槽的抗剪能力、轴压产生的摩擦力、梁纵向钢筋的销栓抗剪作用或摩擦抗剪作用，其后两者为受剪承载力的主要组成部分。

## 2.4.2 拆分设计

**1. 拆分规定**

（1）框架结构高层建筑的首层柱宜采用现浇混凝土。

（2）如果框架结构的首层柱采用预制混凝土时，应进行专门的研究和论证，采用可靠的技术措施。

（3）框架结构构件拆分部位宜设置在构件受力最小部位。

（4）梁与柱的拆分节点应避开塑性铰位置。

**2. 框架结构现浇部位**

（1）装配式框架结构叠合梁与叠合楼板的连接必须采用现浇连接。

（2）当梁柱构件独立，拆分点在梁柱节点域内，梁柱连接节点域必须现浇。

（3）叠合楼板面层必须现浇。

**3. 拆分类型**

（1）在柱、梁结合部位和梁的跨中后浇筑混凝土示意图如图 2.4-1 所示。

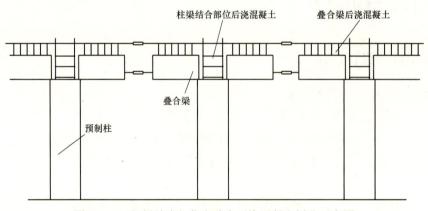

图 2.4-1 柱梁结合部位和跨中后浇混凝土拆分示意图

（2）柱梁一体化构件柱，柱子加十字形梁，梁与梁之间用后浇混凝土拆分示意图，如图 2.4-2 所示。

（3）莲藕梁是柱梁一体化构件，柱子部分留有钢筋穿过的孔道，像莲藕一样，莲藕梁避免了柱梁三维构件制作与运输的困难，单莲藕梁拆分法如图 2.4-3 所示。

（4）梁在预制柱顶部与柱子和另一侧的梁用后浇混凝土连接，钢筋连接采用机械套筒或注胶套筒支座处后浇混凝土连接拆分示意图如图 2.4-4 所示。

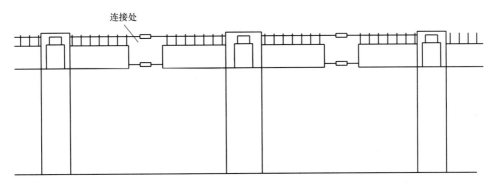

图 2.4-2　柱梁一体化构件拆分示意图

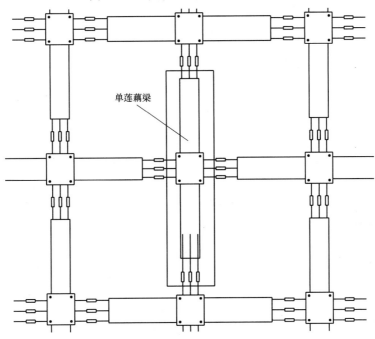

图 2.4-3　单莲藕梁拆分示意图

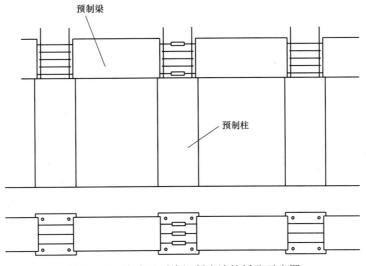

图 2.4-4　支座处后浇混凝土连接拆分示意图

（5）跨层柱连接，柱子 2 层层高 1 节，越层交替。梁的连接部位为每跨 1 个；柱的连接部位每两层有 1 个，如图 2.4-5 所示。

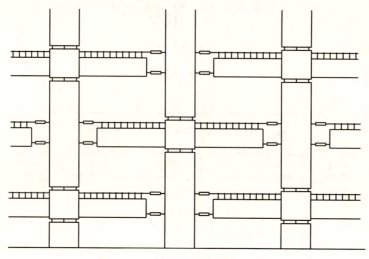

图 2.4-5　跨层柱连接拆分示意图

（6）十字形莲藕梁拆分示意图如图 2.4-6 所示。

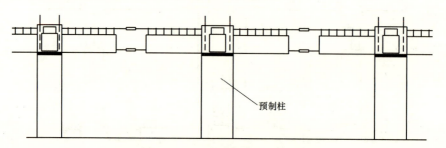

图 2.4-6　十字形莲藕梁拆分示意图

（7）柱预制梁后浇混凝土拆分示意图如图 2.4-7 所示。

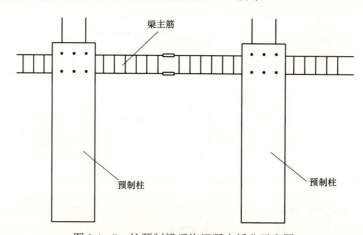

图 2.4-7　柱预制梁后浇混凝土拆分示意图

（8）连体梁方式，两跨梁一起预制，通过受力钢筋连成一体，在柱梁结合部与柱子后浇混凝土连接。连接梁与连体梁之间的连接采用机械套筒或注胶套筒，如图 2.4-8 所示。

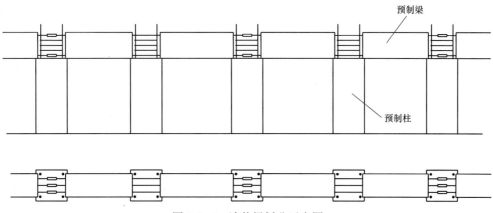

图 2.4-8　连体梁拆分示意图

## 2.4.3　连接设计

**1. 叠合梁连接的基本要求**

叠合梁可采用对接连接，应符合下列规定：

（1）连接处应设置后浇段，后浇段的长度应满足梁下部纵向钢筋连接作业的空间需求。

（2）梁下部纵向钢筋在后浇段内宜采用机械连接、套筒灌浆连接或焊接连接。

（3）后浇段内的箍筋应加密，箍筋间距不应大于 $5d$，且不应大于 100mm。

**2. 主梁与次梁在后浇段连接**

（1）在端部节点处，次梁下部纵向钢筋伸入主梁后浇段内的长度不应小于 $12d$（$d$ 为纵向钢筋直径）。次梁上部纵向钢筋应在主梁后浇段内锚固。

（2）在中间节点处，两侧次梁的下部纵向钢筋伸入主梁后浇段内长度不应小于 $12d$（$d$ 为纵向钢筋直径）；次梁上部纵向钢筋应在后浇层内贯通。

**3. 主梁与次梁在连体主梁的连体部位连接**

对于叠合楼盖结构，次梁与主梁的连接可在连体主梁的后浇段连接。

**4. 梁伸入柱的钢筋锚固与连接**

（1）框架中间层中间节点：节点两侧的梁下部纵向受力钢筋宜锚固在后浇节点区内，也可采用机械连接或焊接的方式直接连接；梁的上部纵向受力钢筋应贯穿后浇节点区。

（2）框架中间层端节点：当柱截面尺寸不满足梁纵向受力钢筋的直线锚固要求时，宜采用锚固板锚固，也可采用 90° 弯折锚固。

（3）框架顶层中间节点：梁纵向受力钢筋的构造应符合 1）的规定。柱纵向受力钢筋宜采用直线锚固；当梁截面尺寸不满足直线锚固要求时，宜采用锚固板锚固。

（4）框架顶层端节点：梁下部纵向受力钢筋应锚固在后浇节点区内，且宜采用锚固板的锚固方式。梁、柱其他纵向受力钢筋应符合下列规定：

1）柱宜伸出屋面并将柱纵向受力钢筋锚固在伸出段内，伸出段长度不宜小于500mm，伸出段内箍筋间距不应大于 $5d$（$d$ 为柱纵向受力钢筋直径），且不应大于 100mm；柱纵向钢筋宜采用锚固板锚固，锚固长度不应小于 $40d$；梁上部纵向受力钢筋宜采用锚固板锚固。

2）柱外侧纵向受力钢筋也可与梁上部纵向受力钢筋在后浇节点区搭接，柱内侧纵向受力钢筋宜采用锚固板锚固。

（5）核心区以外连接。预制梁底部水平钢筋也可在柱梁结合核心区以外后浇混凝土区域采用挤压套筒连接。

### 2.4.4 预制柱纵向钢筋套筒灌浆连接构造

柱底缝宜设置在楼面标高处，并应符合下列规定：

（1）后浇区节点混凝土上表面应设置粗糙面。

（2）柱纵向受力钢筋应贯穿后浇节点区。

（3）预制柱底部应设置键槽。

（4）柱底接缝厚度宜为 20mm，并应采用灌浆料填实。

20mm 底部接缝的作用是调节墙体标高同时也能够使套筒连通，实现一次性注浆。调节标高方式有两种，一种方式是墙体底部设置调节标高预埋件与六角螺栓配合使用，另一种方式是用薄钢板垫块。

### 2.4.5 预制构件设计

#### 1. 叠合梁设计

（1）叠合梁是指预制混凝土梁顶部在现场后浇混凝土而形成的整体受弯梁。梁身下部预制，上部后浇混凝土。

（2）叠合梁设计要点。

1）叠合梁混凝土强度等级不宜低于 C30。预制梁箍筋应该全部深入叠合层，且各肢深入叠合层的长度不宜小于 $10d$（$d$ 为箍筋直径）。预制梁顶面应做成凹凸差不小于 6mm 的粗糙面。

2）叠合梁承载力按现浇梁计算，配筋按现浇梁配筋。

3）构造设计：

① 叠合梁后浇层厚度与叠合楼板厚度相互协调。

② 叠合梁预制部分高度一般不小于梁高的 40%，如图 2.4-9 所示。

③ 叠合梁预制部分可设计为矩形截面和凹口截面。

④ 叠合梁后浇混凝土厚度不宜小于 150mm；次梁后浇混凝土叠合层厚度不宜小于 120mm。

⑤ 当采用凹口截面预制梁时，凹口深度不宜小于 50mm，凹口边厚度不宜小于 60mm。

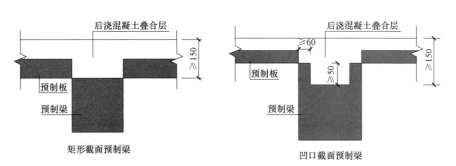

图 2.4-9 叠合框架梁截面示意图（单位：mm）

（3）叠合梁配筋规定。

1）抗震等级为一、二级的叠合框架梁，梁端箍筋加密区宜采用整体封闭箍筋。

2）叠合梁受扭时宜采用整体封闭箍筋，且整体封闭箍筋的搭接部分宜设置在预制部分。

3）组合封闭箍筋口箍筋上方两端应做成 135°弯钩。

4）框架梁箍筋加密区长度内的箍筋间距：一级抗震等级不宜大于 200mm 和 20 倍的箍筋直径较大值，且不应大于 300mm；二、三级抗震等级不宜大于 250mm 和 20 倍的箍筋直径的较大值，且不应大于 350mm；四级抗震等级不宜大于 300mm，且不应大于 400mm。

"组合式封闭箍"是指 U 形的下开口箍和 Ⅱ 形的上开口箍，共同组合形成的组合式封闭箍。

**2. 预制柱设计**

预制柱设计应满足《混凝土结构设计规范》（GB 50010）的要求，并应符合下列规定：

（1）矩形柱截面宽度或圆柱直径不宜小于 40mm，圆形截面柱直径不宜小于 450mm，且不宜小于同方向梁宽的 1.5 倍。

（2）宜采用较大直径钢筋及较大的柱截面，可以减少钢筋的根数，增大间距，便于钢筋连接及节点区域钢筋布置。

（3）柱截面宽度宜大于同方向梁宽度的 1.5 倍，有利于避免节点区梁钢筋和柱钢筋的位置冲突，便于安装施工。

（4）纵向受力钢筋在柱子底部连接时,柱子的箍筋加密区长度不应小于纵向受力钢筋连接区域长度与 500mm 之和；当采用套筒灌浆连接或浆锚搭接连接方式时，套筒或搭接段上端第一道箍筋距离套筒或搭接段顶部不应大于 50mm，如图 2.4-10 所示。

（5）柱纵向受力钢筋直径不宜小于 20mm，纵向受力钢筋直径不宜大于 200mm 且不应大于 400mm。柱子纵向受力钢筋可集中于四角配置且宜对称布置（图 2.4-11）。柱中可以设置纵向辅助钢筋且直径不宜小于 12mm 和箍筋直径；当正截面承载力计算不计入辅助钢筋时，纵向辅助钢筋可以不伸入框架节点。

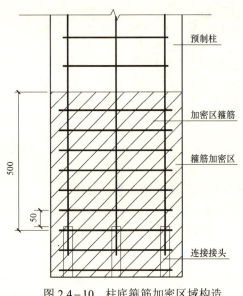

图 2.4-10 柱底箍筋加密区域构造
示意图（单位：mm）

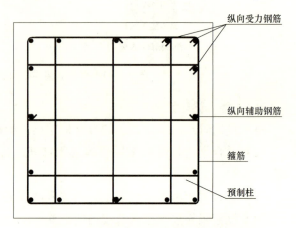

图 2.4-11 柱集中配筋构造平面示意图

## 2.4.6 预应力框架结构设计

**1. 适用范围**

（1）适用于非抗震设防区及抗震设防烈度为 6 度和 7 度地区。

（2）除甲类以外装配式建筑。

**2. 基本规定**

（1）混凝土强度等级要求。

1）键槽节点部分应采用比预制构件混凝土强度等级高一级且不低于 C45 的无收缩细石混凝土填实。

2）叠合板的预制板 C40 及以上。

3）其他预制构件和现浇叠合层混凝土 C40 及以上。

（2）预应力筋。预应力筋宜采用预应力螺旋肋钢丝、钢绞线，且强度标准值不宜低于 1570MPa。

（3）键槽内 U 形钢筋。连接节点键槽内的 U 形钢筋应采用 HRB400 级、HRB500 级或 HRB335 级钢筋。

（4）柱子设计要求。应采用矩形截面，边长不宜小于 400mm。一次成型的预制柱长度不超过 14m 和 4 层层高的较小值。

（5）梁设计要求。预制梁的截面边长不应小于 200mm。预制梁端部应设键槽，键槽中应放置 U 形钢筋，并应通过后浇混凝土实现下部纵向受力筋的搭接。

（6）板预应力钢丝的保护层厚度。预制板厚度 50mm 或 60mm，保护层厚度 17.5mm；预制板厚度大于或等于 70mm，保护层厚度为 20.5mm。

**3. 连接节点**

（1）柱与柱连接。柱与柱连接有两种方式：

1）型钢支撑连接。用上面柱子伸出工字钢，大于柱子受力主筋搭接长度，在连接段后浇混凝土连接。

2）预留孔插筋连接。属于浆锚搭接方式，金属波纹管成型孔，留孔的柱子在下方，上方柱子的伸出钢筋插入孔中。

（2）梁与柱子连接。预应力叠合梁与柱子连接如图 2.4-12 所示。

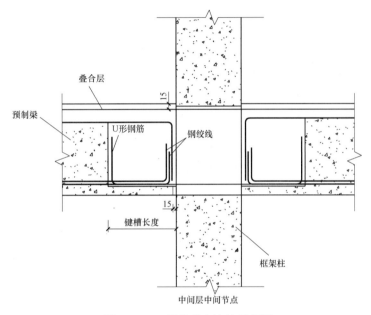

图 2.4-12　梁柱节点连接示意图

（3）板与板的连接。板与板连接时，跨越板缝处加一片钢筋网片，如图 2.4-13 所示。

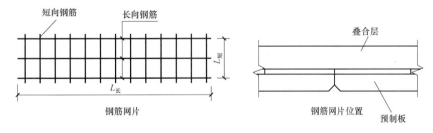

图 2.4-13　板纵缝连接构造示意图

# 本节练习题及答案

1.（单选）叠合梁后浇混凝土厚度不宜小于（　　），次梁后浇混凝土叠合层厚度不宜小于（    ）。

A. 150mm，120mm　　　　　　　B. 150mm，100mm

C. 120mm，120mm　　　　　　　D. 100mm，120mm

【答案】A

2.（多选）叠合梁设计要点中正确的说法是（    ）。

A. 叠合梁混凝土强度等级不宜低于 C30

B. 预制梁顶面应做成凹凸不小于 6mm 的粗糙面

C. 叠合梁承载力按现浇梁计算，配筋按现浇梁配筋

D. 叠合梁预制部分高度一般不小于梁高的 60%

【答案】ABC

# 2.5　剪力墙结构设计

## 2.5.1　现浇部位

高层装配整体式剪力墙和部分框支剪力墙结构下列部位宜现浇：

（1）当设置地下室时，宜采用现浇混凝土。

（2）剪力墙结构和部分框支剪力墙结构底部加强部位宜采用现浇混凝土；当采用预制混凝土时，应采取可靠技术措施。

（3）抗震设防烈度为 8 度时，电梯井筒宜采用现浇混凝土结构。

## 2.5.2　外墙拆分

剪力墙外墙拆分有三种方式：整间板方式、窗间墙板方式和三维墙板方式。

**1. 整间板方式**

门窗洞口两侧的剪力墙与连梁、窗下墙一体化制作整间板，纵横墙交接处采用后浇混凝土连接，如图 2.5-1 所示。

**2. 窗间墙板方式**

剪力墙外墙窗间墙采取预制方式，与门窗洞口上部预制叠合连梁后浇连接，窗下墙为轻质墙板。窗间墙、连梁与窗下墙板围合门窗洞口，窗间墙与横墙连接为后浇混凝土，设置在横墙端部（图 2.5-2）。

**3. 三维墙板方式**

剪力墙外墙、窗间墙连同部分横墙一起预制成 T 形或 L 形三维构件，与门窗洞口上部预制叠合连梁后浇连接，窗下墙为轻质墙板。三维墙板、连梁与窗下墙板围合门窗洞口。三维墙板与横墙的连接为后浇混凝土，设置在横墙边缘构件以外位置，如图 2.5-3 所示。

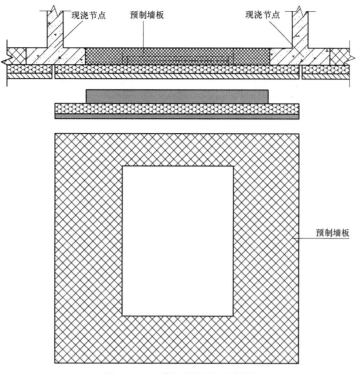

图 2.5-1　整间板拆分示意图

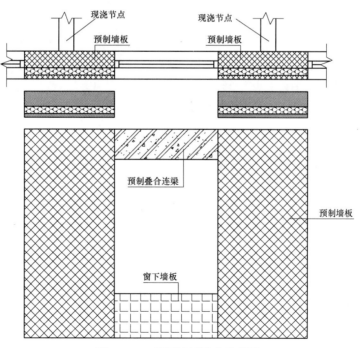

图 2.5-2　窗间墙板拆分示意图

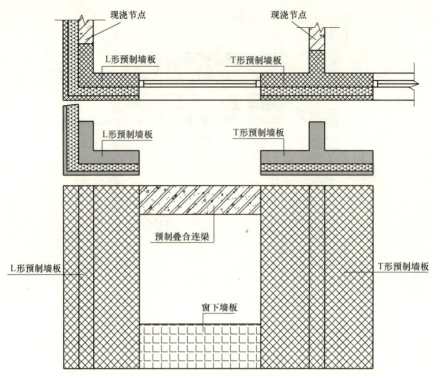

图 2.5－3　三维墙板拆分示意图

### 2.5.3　内墙拆分

现浇剪力墙内墙墙肢平面类型有"一字形""L形"和"U形"，最长墙肢为8m。

内墙拆分主要制约因素是制作与施工条件：

（1）尽可能拆分成一字形剪力墙板；板的最大长度依据工厂和工地起重能力确定；常用内墙板长度一般在4m以下。

（2）如果内墙平面L形和U形剪力墙翼缘尺度不大，拆分成一字形构件太小，应直接做成L形和U形预制构件。

（3）剪力墙与连梁一体化的门字形内墙板和刀把形内墙板应用很少，优势也不突出，只有在确实有必要的情况下才采用。

### 2.5.4　连接设计

剪力墙结构体系预制构件连接部位主要包括剪力墙横向连接、剪力墙竖向连接、剪力墙与叠合连梁连接、剪力墙与叠合楼板连接。

**1. 剪力墙横向连接**

预制剪力墙板之间的横向连接按现行规范规定只有一种连接方式——后浇混凝土连接。具体规定如下：

（1）当接缝位于纵横墙交接处的约束边缘构件区域时，约束边缘构件的阴影区域宜全部采用后浇混凝土，如图2.5－4所示，并应在后浇段内设置封闭箍筋。

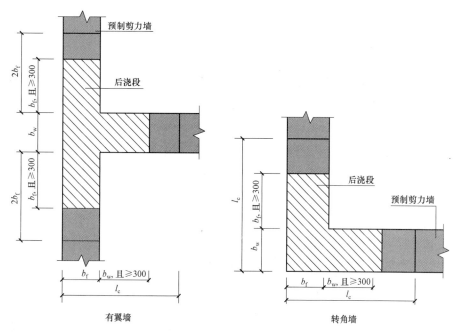

图 2.5－4　约束边缘构件阴影区域全部后浇构造示意图

（2）当接缝位于纵横墙交接处的构造边缘构件位置时，构造边缘构件宜全部采用后浇混凝土，如图 2.5－5 所示。

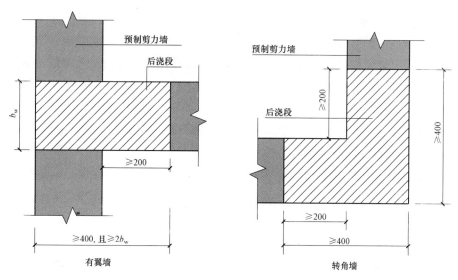

图 2.5－5　构造边缘构件全部后浇构造示意图（阴影区域为构造边缘构件范围）

（3）当仅在一面墙上设置后浇段时，后浇段的长度不宜小于 300mm，如图 2.5－6 所示。

（4）非边缘构件位置，相邻预制剪力墙之间应设置后浇段，后浇段的宽度不应小于墙厚且不宜小于 200mm；后浇段内应设置不少于 4 根竖向钢筋，钢筋直径不应小于墙体竖向分布筋直径且不应小于 8mm；两侧墙体的水平分布筋在后浇段内的连接应符合《混凝土结构设计规范（2015 年版）》（GB 50010—2010）的有关规定。

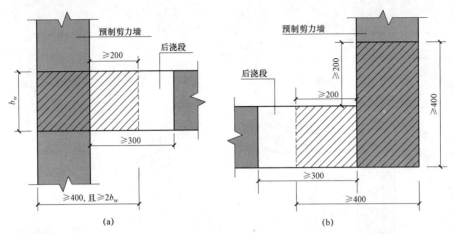

图 2.5-6 构造边缘构件部分后浇构造示意图（阴影区域为构造边缘构件范围）
(a) 有翼墙；(b) 转角墙

（5）预制段内的水平钢筋和现浇拼缝内的水平钢筋需通过搭接、焊接等措施形成封闭的环箍。

**2. 剪力墙竖向连接**

剪力墙竖向连接是指上下预制剪力墙之间或预制剪力墙与现浇混凝土之间的连接。

（1）竖向连接的方式。剪力墙竖向连接方式包括灌浆套筒连接、浆锚搭接和后浇混凝土+挤压套筒连接。其中，最主要的连接方式是灌浆套筒连接和浆锚搭接。

1）套筒灌浆连接适用于剪力墙结构最大高度范围内的各种建筑，抗震等级为一级的剪力墙以及二、三级底部加强部位的剪力墙，剪力墙的边缘构件竖向钢筋宜采用套筒灌浆连接。

2）全部采用浆锚搭接连接时，房屋最大适用高度比灌浆套筒连接降低 10m。

3）底部接缝。预制剪力墙底部接缝宜设置在楼面标高处。接缝高度不宜小于 20mm，宜采用灌浆料填实。

（2）粗糙面。剪力墙上下表面做粗糙面、侧面与后浇混凝土的结合面做成粗糙面。

（3）钢筋连接。

1）剪力墙竖向连接并不是每根钢筋都进行连接。只有边缘构件竖向钢筋须逐根连接，分布钢筋不用逐根连接。

2）分布钢筋有双排连接和单排连接两种连接方式。

3）预制剪力墙竖向分布钢筋宜采用双排连接，可采用"梅花形"连接方式（图 2.5-7）。

4）单排连接是一种搭接方式（图 2.5-8）。除下列情况外，墙体厚度不大于 200mm 的丙类建筑预制剪力墙的竖向分布钢筋可采用单排连接，采用单排连接时，计算分析时不应考虑剪力墙平面外刚度及承载力：

① 抗震等级为一级的剪力墙。

② 轴压比大于 0.3 的抗震等级为二、三、四级的剪力墙。

③ 一侧无楼板的剪力墙。

④ 一字形剪力墙、一端有翼墙连接但剪力墙非边缘构件区长度大于 3m 的剪力墙以及两端有翼墙连接但剪力墙非边缘构件区长度大于 6m 的剪力墙。

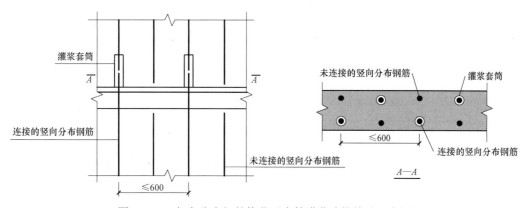

图 2.5 - 7　竖向分布钢筋梅花形套筒灌浆连接构造示意图

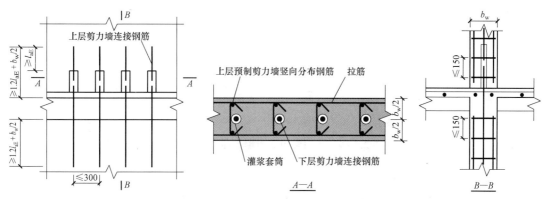

图 2.5 - 8　竖向分布钢筋单排套筒灌浆连接构造示意图

剪力墙两侧竖向分布钢筋与配置于墙体厚度中部的连接钢筋搭接连接,连接钢筋位于内、外侧被连接钢筋的中间;连接钢筋受拉承载力不应小于上下层被连接钢筋受拉承载力较大值的 1.1 倍,间距不宜大于 300mm。下层剪力墙连接钢筋自下层预制墙顶算起的埋置长度不应小于 $1.2l_{aE}+b_w/2$($b_w$ 为墙体厚度),上层剪力墙连接钢筋自套筒顶面算起的埋置长度不应小于 $l_{aE}$,上层连接钢筋顶部至套筒底部的长度不应小于 $1.2l_{aE}+b_w/2$,$l_{aE}$ 按连接钢筋直径计算。钢筋连接长度范围内应配置拉筋,同一连接接头内的拉筋配筋面积不应小于连接钢筋的面积;拉筋沿竖向的间距不应大于水平分布钢筋间距,且不宜大于150mm;拉筋沿水平方向的间距不应大于竖向分布钢筋间距,直径不应小于 6mm;拉筋应紧靠连接钢筋,并钩住最外层分布钢筋。

**3. 剪力墙与叠合连梁连接**

(1)剪力墙与叠合连梁在平面内连接。当预制叠合连梁端部与预制剪力墙在平面内拼接时,接缝构造应符合下列规定:

1)当墙端边缘构件采用后浇混凝土时,连梁纵向钢筋应在后浇段中可靠锚固或连接。

2)当预制剪力墙端部上角预留局部后浇节点区时,连梁的纵向钢筋应在局部后浇节点内可靠锚固或连接。

当采用后浇连梁时,宜在预制剪力墙端伸出预留纵向钢筋,并与后浇连梁的纵向钢筋可靠连接。

纵筋可在连梁范围内与预制剪力墙预留的钢筋连接，可采用搭接、机械连接、焊接等方式。

（2）剪力墙与叠合连梁在平面外单侧连接。楼面梁不宜与预制剪力墙在剪力墙平面处单侧连接；当楼面梁与剪力墙在平面外单侧连接时，宜采用铰接。可采用在剪力墙上设置扶壁柱的方式，如图 2.5-9 所示。

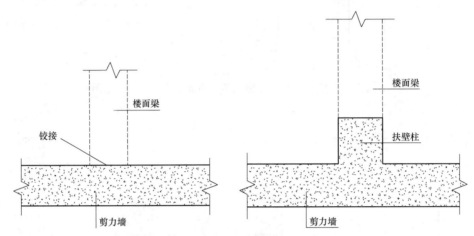

图 2.5-9　楼面梁与剪力墙平面外连接方法

**4. 剪力墙与叠合楼板连接**

剪力墙与叠合楼板在屋面或立面收进位置通过圈梁连接，在楼层通过水平后浇带连接。叠合连梁与叠合楼板也是通过圈梁或水平后浇带连接。

（1）屋面及立面收进位置后浇圈梁。屋面及立面收进的楼层，应在预制剪力墙顶部设置封闭的后浇钢筋混凝土圈梁（图 2.5-10），并应符合下列规定：

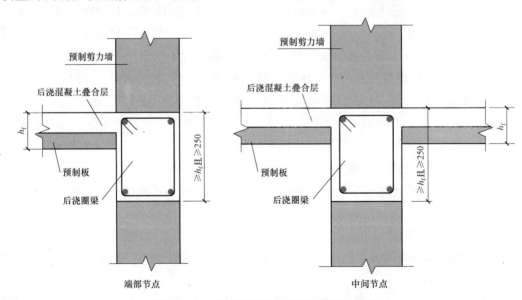

图 2.5-10　后浇钢筋混凝土圈梁构造示意图

1）圈梁截面宽度不应小于剪力墙的厚度，截面高度不宜小于楼板厚度及 250mm 的较大值；圈梁应与现浇或者叠合楼、屋盖浇筑成整体。

2）圈梁内配置的纵向钢筋不应少于 4φ12，且按全截面计算的配筋率不应小于 0.5% 和水平分布筋配筋率的较大值，纵向钢筋竖向间距不应大于 200mm；箍筋间距不应大于 200mm，且直径不应小于 8mm。

（2）楼层水平后浇带。各层楼面位置，预制剪力墙顶部无后浇圈梁时，应设置连续的水平后浇带（图 2.5-11）。水平后浇带应符合下列规定：

1）水平后浇带宽度应取剪力墙的厚度，高度不应小于楼板厚度；水平后浇带应与现浇或者叠合楼板、屋面板浇筑成整体。

2）水平后浇带内应配置不少于 2 根连续纵向钢筋，其直径不宜小于 12mm。

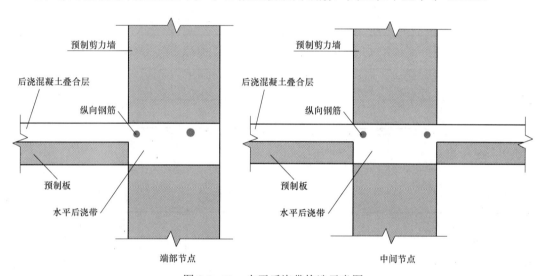

图 2.5-11　水平后浇带构造示意图

## 2.5.5　构件设计

**1. 剪力墙板设计内容**

（1）外形和尺寸设计。

（2）竖向连接方式设计。

（3）钢筋设计。

（4）其他设计。

（5）制作、运输、安装工况设计。

**2. 构造要求**

（1）L 形、T 形或 U 形，开洞预制剪力墙洞口宜居中布置，洞口两侧的墙肢宽度不应小于 200mm，洞口上方连梁高度不宜小于 250mm。

（2）连接区钢筋加密，预制剪力墙竖向钢筋采用套筒灌浆连接时，自套筒底部至套筒顶部并向上延伸 300mm 范围内，水平分布钢筋应加密如图 2.5-12 所示，最大间距及最小直径应符合《装配式混凝土建筑技术标准》（表 2.5-1）的规定，套筒上端第一道水平分布钢筋距离套筒顶部不应大于 50mm。

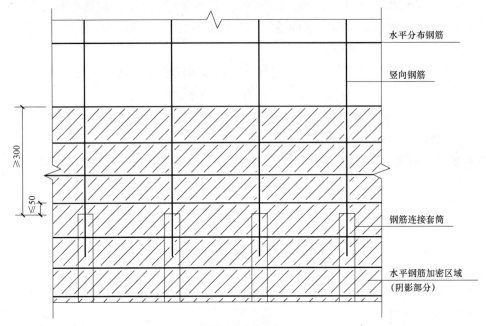

图 2.5-12　钢筋套筒灌浆连接部位水平分布筋加密构造示意图

表 2.5-1　　　　　　　　　　　　加密区水平分布钢筋的要求

| 抗震等级 | 最大间距/mm | 最小直径/mm |
| --- | --- | --- |
| 一、二级 | 100 | 8 |
| 三、四级 | 150 | 8 |

（3）端部无边缘构件的预制剪力墙，宜在端部配置 2 根直径不小于 12mm 的竖向构造钢筋；沿该钢筋竖向应配置拉筋，拉筋直径不宜小于 6mm、间距不宜大于 250mm。

（4）预制剪力墙的连梁不宜开洞；当需开洞时，洞口宜预埋套管，洞口上、下截面的有效高度不宜小于梁高的 1/3，且不宜小于 200mm；被洞口削弱的连梁截面应进行承载力验算，洞口处应配置补强纵向钢筋和箍筋，补强纵向钢筋的直径不应小于 12mm。连梁洞口补强箍筋，非抗震设计时补强钢筋 $l_{aE}$ 取 $l_a$，如图 2.5-13 所示。

（5）预制剪力墙开有边长小于 800mm 的洞口且在结构整体计算中不考虑其影响时，应沿洞口周边配置补强钢筋；钢筋直径不应小于 12mm，截面面积不应小于同方向被洞口截断的钢筋面积；该钢筋自孔洞边角算起伸入墙内的长度，非抗震设计时不应小于 $l_a$，抗震设计时不应小于 $l_{aE}$，如图 2.5-14 所示。

（6）当预制剪力墙洞口下方有墙时，宜将洞口下墙作为单独的连梁进行设计，如图 2.5-15 所示。

（7）当洞口下墙体按围护墙设计时，整间板剪力墙须填充轻质材料。

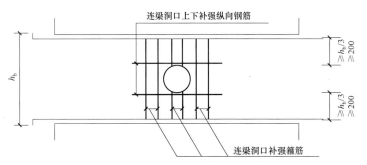

图 2.5-13　连梁洞口补强示意图

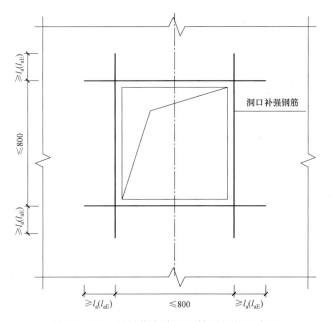

图 2.5-14　预制剪力墙洞口补强钢筋示意图

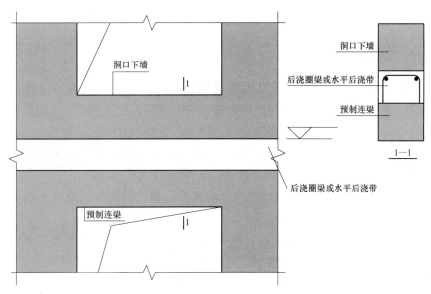

图 2.5-15　剪力墙洞口下墙与连梁关系示意图

# 本节练习题及答案

1.(单选)楼层水平后浇带内应配置不少于 2 根连续纵向钢筋,钢筋直径不宜小于(　　)。

A. 10mm 　　　　B. 12mm 　　　　C. 16mm 　　　　D. 8mm

【答案】B

2.(多选)剪力墙竖向连接方式包括(　　)。

A. 灌浆套筒连接 　　　　　　　　B. 浆锚搭接连接

C. 后浇混凝土连接 　　　　　　　D. 焊接连接

【答案】ABC

# 2.6 外挂墙板结构设计

## 2.6.1 设计要求

外挂墙板结构设计要求是:设计合理的墙板结构和主体结构的连接节点,使其在承载能力极限状态和正常使用极限状态下,符合安全、正常使用的要求。

## 2.6.2 设计内容

(1)确定墙板尺寸。

(2)连接节点布置。

(3)墙板结构设计。

(4)连接节点结构设计。

(5)制作、堆放、运输、施工环节的结构验算与构造设置。

## 2.6.3 设计一般规定

(1)在正常使用状态下,外挂墙板具有良好的工作性能。外挂墙板在多遇地震作用下能够正常使用;在设防烈度地震作用下经修理后仍可使用;在预估的罕遇地震作用下不应整体脱落。

(2)外挂墙板与主体结构的连接节点应具有足够的承载力和适应主体结构变形的能力。

(3)外挂墙板结构分析采用线弹性方法。

(4)对外挂墙板和连接节点直行承载力验算时,其结构构件重要性系数应取不小于1.0,连接节点承载力抗震调整系数应取 1.0。

(5)抗震设计时,外挂墙板与主体结构的连接节点在墙板平面内应具有不小于主体结构在设防烈度地震作用下弹性层间位移角 3 倍的变形能力。

(6)外挂墙板与主体结构宜采用柔性连接,连接节点应具有足够的承载力和适应主体结构变形的能力,并应采取可靠的防腐、防锈和防火措施。

（7）主体结构计算时，应按下列规定计入结构对外挂墙板的影响：

1）应计入支撑于结构主体的外挂墙板自重。

2）当外挂墙板对支撑构件有偏心时，应计入外挂墙板重力荷载偏心的不利影响。

3）采用点支撑与主体结构相连的外挂墙板，连接节点具有适应主体结构变形的能力时，可不计入其刚度的影响，但不得考虑外挂墙板的有利影响。

4）采用线支承与主体结构相连接的外挂墙板，应根据刚度等代原则计入其刚度影响，但不得考虑外挂墙板的有利影响。

（8）外挂墙板不应跨越主体结构的变形缝，主体变形缝两侧外挂墙板的构造缝应能适应主体结构的变形要求，宜柔性连接设计或滑动连接设计，并且采取宜修复的构造措施。

## 2.6.4　拆分设计

### 1. 连接点位置影响

外挂墙板应安装在主体结构构件上，即结构柱、梁、楼板或结构墙体上，墙板拆分必须考虑与主体结构连接的可行性。

### 2. 墙板尺寸

外挂墙板尺寸一般以一个层高和一个开间为限。《装配式混凝土结构技术规程》（JGJ 1—2014）规定，外挂墙板高度不宜大于一个层高。

### 3. 开洞墙板边缘宽度

设置窗户洞口的墙板，洞口边板有效宽度不宜低于 300mm。

## 2.6.5　外挂墙板荷载计算

外挂墙板不分担主体结构承受的作用，只考虑直接施加于外墙上的作用。

竖直外挂墙板承受的作用包括自重、风荷载、地震作用和温度作用。

外挂墙板需计算的荷载见表 2.6-1。

表 2.6-1　　　　　　　　　　　　　　外挂墙板荷载计算表

| 阶段 | 作用 | 墙板 | | | 支 座 | | 说 明 |
|---|---|---|---|---|---|---|---|
| | | 竖向板 | 水平板 | 倾斜板 | 竖向 | 水平 | |
| 适用阶段 | 重力 | √ | √ | √ | √ | √ | |
| | 风荷载 | √ | √ | √ | √ | √ | |
| | 地震作用 | √ | √ | √ | √ | √ | |
| | 雪荷载 | | √ | √ | √ | √ | 与板倾斜角度有关 |
| | 温度作用 | √ | √ | √ | √ | √ | |
| 施工荷载 | 施工荷载 | | √ | √ | √ | √ | 与板倾斜角度有关 |
| | 维修荷载 | | √ | √ | √ | √ | 与板倾斜角度有关 |
| | 脱模 | √ | √ | √ | √ | √ | |
| | 吊装 | √ | √ | √ | √ | √ | |

### 2.6.6 连接节点设计

**1. 连接节点的设计要求**

外挂墙板连接节点不仅要有足够的强度和刚度保证墙板与主体结构可靠连接，还要避免主体结构位移作用于墙板形成内力，即所谓的柔性连接。

**2. 连接节点类型**

（1）水平支座与重力支座。处挂墙板承受水平方向和竖直方向两个方向的作用，连接节点分为水平支座和重力支座。

（2）固定连接点与活动连接节点。连接节点按照是否允许移动又分为固定节点和活动节点。固定节点是将墙板与主体结构固定连接的节点，活动节点则是允许墙板与主体结构之间有相对位移的节点，如图 2.6-1 和图 2.6-2 所示。

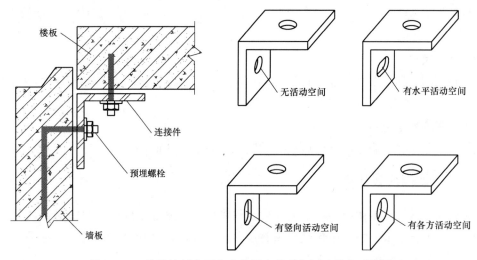

图 2.6-1　外挂墙板水平支座的固定节点与活动节点示意图

（3）滑动节点和转动节点。活动节点中，分为滑动支座和转动支座。

滑动支座的一般做法是将连接螺栓的连接件的孔眼在滑动方向加长，允许水平滑动就沿水平方向加长；允许竖直方向滑动就沿竖直方向加长；两个方向都允许滑动，就扩大孔的直径。

转动支座可以微转动，一般靠支座加橡胶垫实现。

**3. 连接节点布置**

（1）与主体结构的连接。

1）墙板连接节点须布置在主体结构构件柱、梁、楼板、结构墙体上。

2）当布置在悬挑楼板上时，楼板悬挑长度不宜大于 600mm。

3）连接节点在主体结构的预埋件距离构件边缘不应小于 50mm。

4）当墙板无法与主体结构构件直接连接时，必须从主体结构引出二次结构作为连接的依附体。

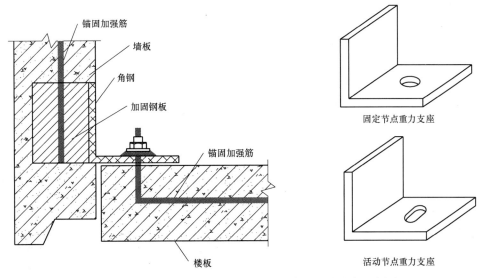

图 2.6-2　外挂墙板重力支座的固定节点与活动节点示意图

（2）连接节点数量。一般情况下，外挂墙板布置 4 个连接节点，两个水平支座，两个重力支座，重力支座布置在板下部时称为"下托式"；重力支座布置在板的上部时称为"上挂式"。

当墙板宽度小于 1.2m 时，也可以布置 3 个连接节点，其中 1 个水平支座，2 个重力支座（图 2.6-3）。

当墙板长度大于 6000mm 时，或墙板为折角板，折边长度大于 600mm 时，可设置 6 个连接节点（图 2.6-4）。

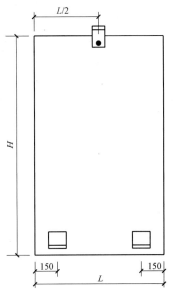

图 2.6-3　设置三个连接件的窄板
（单位：mm）

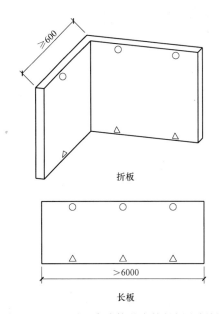

图 2.6-4　设置 6 个连接节点的长板和折板
（单位：mm）

（3）连接节点距离板边缘的距离。板上下部各设置两个连接件，下部连接件中心距离板边缘为150mm以上，上部连接件中心与下部连接件中心之间水平距离为150mm以上，如图2.6-5所示。

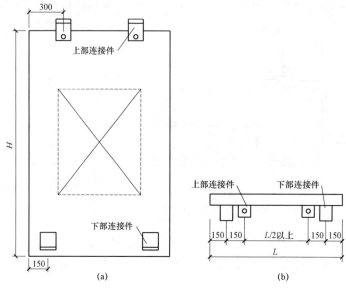

图2.6-5 连接件位置示意图（单位：mm）

（a）平面图；（b）俯视图

（4）偏心节点布置。连接节点最好对称布置，当偏心位置时，连接节点距离不宜过大，节点的距离不宜小于1/2板宽（图2.6-6）。

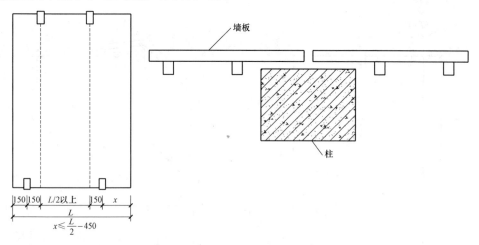

图2.6-6 偏心连接点位置示意图

### 2.6.7 墙板结构设计

#### 1. 相关规范要求

《装配式混凝土结构技术规程》（JGJ 1—2014）规定：

（1）厚度不小于 100mm。

（2）外挂墙板宜采用双层、双向配筋，竖向和水平钢筋的配筋率均不应小于 0.15%，且钢筋直径不宜小于 5mm，间距不宜大于 200mm。

（3）门窗洞口周边、角部应配置加强钢筋。

（4）外挂墙板最外层钢筋的混凝土保护层厚度除有专门要求外，应符合下列规定：

1）对石材或面砖饰面，不应小于 15mm。

2）对清水混凝土，不应小于 20mm。

3）对露骨料装饰面，应从最凹处混凝土表面计起，且不应小于 20mm。

**2. 墙板结构设计要求**

（1）外挂墙板是装饰性构件，对裂缝和挠度比较敏感。按照《混凝土结构设计规范（2015 年版）》（GB 50010—2010）的规定，2 类和 3 类环境类别非预应力混凝土构件的裂缝允许宽度为 0.2mm，受弯构件计算跨度小于 7m 时允许挠度为 1/200。

（2）《混凝土结构设计规范（2015 年版）》（GB 50010—2010）关于受弯构件挠度的限值，是为屋盖、楼盖及楼梯等构件规定的；外挂墙板计算跨度一般小于 7m，挠度限值 1/200。

**3. 墙板结构构造设计要求**

（1）边缘加强筋：预制外挂墙板周圈宜设置一圈加强筋。

（2）开口转角处加强筋：预制外挂墙板洞口转角处应设置加强筋。

（3）预埋件加强筋：预制外挂墙板连接节点预埋件处应设置加强筋。

（4）L 形墙板转角部位构造：平面为 L 形的转角外挂墙板转角处的构造和加强筋。

（5）板肋构造：有些外挂墙板，如宽度较大的板设置了板肋。

## 2.6.8　连接点设计

**1. 相关规范要求**

《装配式混凝土结构技术规程》（JGJ 1—2014）规定：

（1）外挂墙板与主体结构采用点支承连接时，连接件的滑动孔尺寸，应根据穿孔螺栓的直径、层间位移值和施工误差来确定。

（2）外挂墙板间接缝的构造应符合下列规定：

1）接缝构造应满足防水、防火、隔声等建筑功能的要求。

2）接缝宽度应满足主体结构的层间位移、密封材料的变形能力、施工误差、温差引起的变形要求，且不应小于 15mm。

（3）外挂墙板与主体结构的连接节点应采用预埋件，不得采用后锚固方法。

**2. 连接节点构造**

外挂墙板连接节点方式有上部水平支座滑动方式、下部重力支座滑动方式、上部水平支座锁紧方式、下部重力支座锁紧方式。

# 本节练习题及答案

1.（多选）主体结构设计时,关于应计入结构对外挂墙板影响的说法,正确的是(　　)。

A. 应计入支撑于结构主体的外挂墙板自重

B. 当外挂墙板对支撑构件有偏心时，应计入外挂墙板重力荷载偏心的不利影响

C. 采用线支撑与主体结构相连的外挂墙板，连接节点具有适应主体结构变形的能力时，可不计入其刚度的影响，但不得考虑外挂墙板的有利影响

D. 采用点支承与主体结构相连接的外挂墙板,应根据刚度等代原则计入其刚度影响,但不得考虑外挂墙板的有利影响

【答案】AB

2.（简答）如图 2.6-7 所示，墙板长度为 6m，请设计出该板的连接节点。

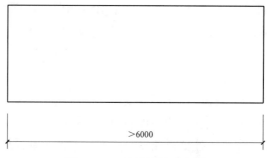

图 2.6-7　外挂墙板示意图

【答案】外挂墙板连接节点示意图如图 2.6-8 所示。

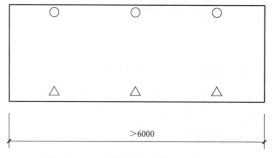

图 2.6-8　外挂墙板连接节点示意图

# 2.7　夹芯保温构件结构设计

## 2.7.1　拉结件设计

### 1. 拉结件选用

（1）哈芬（德国哈芬公司）体系不锈钢拉结件安全、可靠、耐久，传力清晰，但存在

热桥较大、价格较高、安装不便等缺点，尤其是价格较高，不易被用户接受。

（2）树脂类拉结件热桥较小，价格适中，插入式锚固作业也比较简单。但锚固作业的可靠性需要特别关注，树脂材料在混凝土中的耐久性必须经过试验验证。

（3）未做防锈蚀处理的钢筋拉结件不能使用。

（4）对于拉结件新材料新产品的选用必须经过试验验证。

**2. 拉结件布置**

在外叶板和拉结件承载能力得到保证、变形控制在允许范围的情况下，拉结件越少越好。

**3. 影响拉结件布置的因素**

（1）荷载与作用。

（2）外叶板厚度或重量。

（3）保温层厚度。

（4）拉结件的材质和形状。

## 2.7.2　外叶板设计

（1）外叶墙板厚度不宜小于 50mm。

（2）为了保证拉结件在混凝土中的锚固可靠，布置时拉结件距墙板边缘尺寸不宜小于 150mm，不应小于 100mm；距离门窗洞口的尺寸不应小于 150mm。当个别保温拉结件位置与受力钢筋、灌浆套筒、承重预埋件相碰时，允许把拉结件偏移 50～100mm。

（3）防火性能应按非承重外墙的要求执行，当夹芯保温材料的燃烧性能等级为 B1、B2 级时，内外叶墙板应采用不燃材料，且厚度不应小于 50mm。

# 本 节 练 习 题 及 答 案

（多选）影响拉结件布置的因素有（　　　）。

A. 荷载与作用　　　　　　　　　　　B. 内叶板厚度或重量

C. 保温层厚度　　　　　　　　　　　D. 拉结件的材质和形状

【答案】ACD

# 2.8　非结构构件设计

装配式混凝土建筑的非结构构件是指主体结构柱、梁、剪力墙板、楼板以外的预制混凝土构件，包括楼梯板、阳台板、空调板、遮阳板、挑檐板、整体飘窗、女儿墙、外挂墙板等构件。

## 2.8.1　楼梯设计

**1. 楼梯设计相关规范要求**

楼梯设计应符合《装配式混凝土结构技术规程》（JGJ 1—2014）规定：

（1）预制板式楼梯的梯段板底应配置通长的纵向钢筋。板面宜配置通长的纵向钢筋；

当楼梯两端均不能滑动时，板面应配置通长的纵向钢筋。

（2）预制楼梯与支承构件之间宜采用简支连接。采用简支连接时，应符合下列规定：

1）预制楼梯宜一端设置固定铰，另一端设置滑动铰，其转动及滑动变形能力应满足结构层间位移的要求，且预制楼梯端部在支承构件上的最小搁置长度应符合《装配式混凝土结构技术规范》（JGJ 1—2014）的规定（表2.8-1）：

表2.8-1 　　　　　　　　　预制楼梯端部在支承构件上的最小搁置长度

| 抗震设防烈度 | 6度 | 7度 | 8度 |
| --- | --- | --- | --- |
| 最小搁置长度/mm | 75 | 75 | 100 |

2）预制楼梯设置滑动铰的端部应采取防止滑落的措施。

**2. 楼梯拆分**

（1）楼梯类型。预制楼梯有不带平台板的板式楼梯和带平台板的折板式楼梯两种类型。板式楼梯有一跑楼梯（剪刀式布置楼梯）和双跑楼梯两种类型。

（2）楼梯拆分。楼梯拆分主要与生产工厂和施工现场起重能力有关。

**3. 连接节点设计**

预制楼梯与支撑构件连接有三种方式：一端固定铰节点另一端滑动铰节点的简支方式、一端固定支座另一端滑动支座的方式和两端都是固定支座的方式。

**4. 注意事项**

（1）预制楼梯伸出钢筋部位的混凝土表面与现浇混凝土结合处应做成粗糙面。

（2）预制楼梯一般做成清水混凝土表面，上下面都必须光洁，宜采用立模生产。由于没有表面抹灰层。楼梯防滑槽等建筑构造在楼梯预制时应一并做出。

## 2.8.2 悬挑构件设计

**1. 悬挑构件设计相关规范要求**

悬挑构件设计应符合《装配式混凝土结构技术规程》（JGJ 1—2014）规定：

阳台板、空调板宜采用叠合构件或预制构件。预制构件应与主体结构可靠连接；叠合构件的负弯矩钢筋应在相邻叠合板的后浇混凝土中可靠锚固,叠合构件中预制板底钢筋的锚固应符合下列规定：

（1）当板底为构造配筋时，其钢筋应符合以下规定：叠合板支座处，预制板内的纵向受力钢筋宜从板端伸出并锚入支承梁或墙的后浇混凝土中，锚固长度不应小于5倍纵向受力钢筋直径，且宜过支座中心线。

（2）当板底为计算要求配筋时，钢筋应满足受拉钢筋的锚固要求。

**2. 拆分设计**

阳台板、空调板、遮阳板、挑檐板等，一般以墙板外侧为拆分边界。

**3. 构件类型**

（1）阳台板有叠合式和全预制式两种类型。全预制式又分为板式和梁式阳台板。

（2）空调板有叠合式和全预制式两种类型，全预制式为在支座上搭接的板。

（3）遮阳板、挑檐板都是叠合式。叠合式预制构件须考虑预制层和叠合层高度；全预制构件伸出钢筋的长度应满足要求。

### 4. 阳台构造设计

（1）叠合式阳台板连接节点如图 2.8-1 所示。

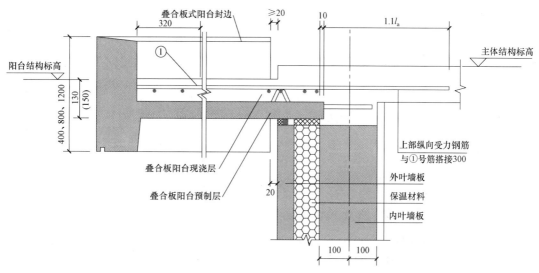

图 2.8-1 叠合式阳台板连接节点示意图（单位：mm）

（2）全预制板式阳台板连接节点如图 2.8-2 所示。

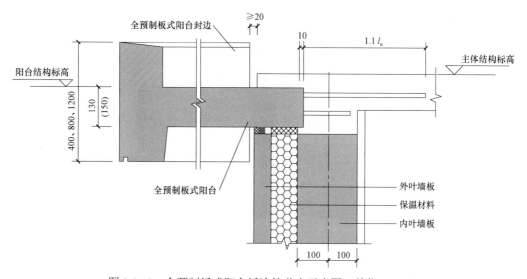

图 2.8-2 全预制板式阳台板连接节点示意图（单位：mm）

（3）全预制梁式阳台板节点如图 2.8-3 所示。

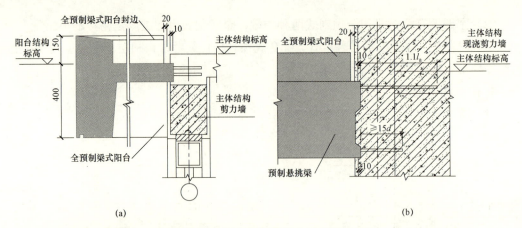

图 2.8-3　全预制梁式阳台板连接节点示意图（单位：mm）

（a）全预制梁式阳台与主体结构连接节点详图；（b）全预制梁式阳台与主体结构连接节点详图

### 2.8.3　女儿墙设计

#### 1. 女儿墙类型

女儿墙有压顶与墙身一体化式和墙身与压顶分离式两种类型。

#### 2. 女儿墙墙身设计

女儿墙拆分以屋面梁顶为边界。

女儿墙墙身连接与剪力墙一样，与屋盖现浇带的连接用套筒连接或浆锚搭接，竖缝连接为后浇混凝土连接。连接节点如图 2.8-4 所示。

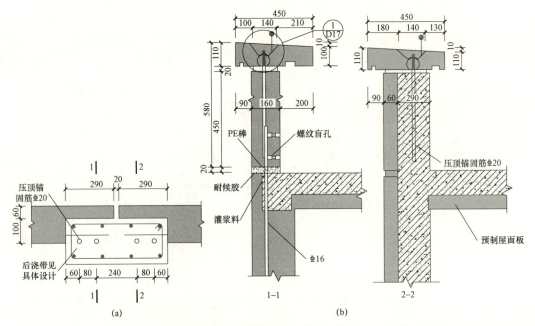

图 2.8-4　女儿墙墙身连接节点示意图（单位：mm）

（a）平面；（b）剖面

### 3. 女儿墙压顶设计

连接构造：女儿墙压顶与墙身的连接用螺栓连接，节点连接如图 2.8－5 所示。

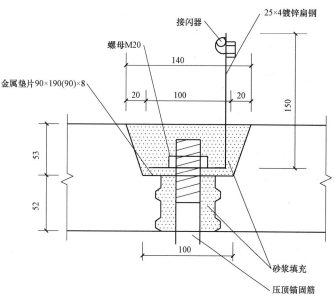

图 2.8－5　女儿墙压顶连接节点示意图（单位：mm）

# 本 节 练 习 题 及 答 案

（多选）下列构件中，可以以墙板外侧作为拆分边界的是（　　　）。

A. 阳台板　　　　　　B. 空调板　　　　　　C. 遮阳板　　　　　　D. 女儿墙

【答案】ABC

## 2.9　吊点、支撑点和临时支撑设计

### 2.9.1　吊点设计

#### 1. 吊点类型

预制构件吊点包括脱模吊点、翻转吊点、吊运吊点、安装吊点。

#### 2. 吊点布置

（1）吊点布置原则。

1）用于脱模、翻转、吊运和安装的吊点不宜"借用"预制构件安装的预埋件。

2）受力合理，除局部构造加强外，不额外增加构件配筋。

3）重心平衡。

4）与钢筋、套筒和其他预埋件互不干涉。

5）制作与安装便利。

（2）吊运吊点布置。楼板、梁、阳台板的吊运节点与安装节点共用；柱子的吊运节点与脱模节点共用；墙板、楼梯板的吊运节点或与脱模节点共用，或与翻转节点共用，或与安装节点共用。

**3. 叠合板吊点设计**

（1）带桁架筋的叠合板不专设吊点，利用桁架筋作为吊点。

（2）跨度在 3.9m 以下、宽 2.4m 以下的板，设置 4 个吊点；跨度为 4.2～6.0m、宽 2.4m 以下的板，设置 6 个吊点。边缘吊点距板端距离不宜过大。长度小于 3.9m 的板，悬臂段不宜大于 600mm；长度为 4.2～6m 的板，悬臂段不宜大于 900mm。

**4. 墙板吊点设计**

（1）有翻转台翻转的墙板，脱模、翻转、吊运、安装吊点共用，可在墙板上边设立吊点也可以在墙板侧边设立吊点。一般设置 2 个，也可以设置两组。

（2）无翻转台翻转的墙板，脱模、翻转和安装吊点都需要设置。脱模吊点在板的背面，设置 4 个；安装吊点与吊运吊点共用，与有翻转台的墙板的安装吊点一样；翻转吊点则需要在墙板底边设置，对应安装吊点的位置。

**5. 柱子吊点设计**

（1）柱子脱模和吊运共用吊点，设置在柱子侧面，采用内埋式螺母，便于封堵、痕迹小。

（2）柱子安装吊点和翻转吊点共用，设在柱子顶部。断面大的柱子一般设置 4 个吊点，也可设置 3 个吊点。断面小的柱子可设置 2 个或 1 个吊点。

**6. 梁吊点设计**

（1）梁不用翻转，安装吊点、脱模吊点与吊运吊点为共用吊点。

（2）边缘吊点距梁端距离应根据梁的高度和负弯矩筋配置情况经过验算确定，且不宜大于梁长的 1/4。

**7. 楼梯板吊点设计**

（1）平模制作的楼梯一般是反打，阶梯面朝下，脱模吊点在楼梯板的背面。

（2）立模制作的楼梯脱模吊点在楼梯板侧边，可兼作翻转吊点和吊运吊点。

（3）安装吊点。

1）如果楼梯两侧有吊钩作业空间，安装吊点可以设置在楼梯两个侧边。

2）如果楼梯两侧没有吊钩作业空间，安装吊点需设置在表面。

3）全预制阳台板、空调板安装吊点设置在表面。

**8. 吊点构造设计**

（1）吊点方式。吊点有预埋螺栓、吊钉、钢筋吊环、预埋钢丝绳索、尼龙绳索和软带捆绑等。

（2）构造设计要点。

1）吊点距离混凝土边缘的距离不应小于 50mm。

2）较重构件的吊点宜增加构造钢筋。

　　3）楼梯吊点可采用预埋螺母，也可采用吊环。

　　4）带桁架筋的叠合板利用桁架筋作为吊点，需要在设计图中明确给出吊点的位置或构造加强措施。

## 2.9.2　存放与运输支撑点设计

### 1. 支撑点设计内容

　　预制构件支撑点是指预制构件脱模后在质检存放和修补时的支撑方式与位置、运输的支撑方式与位置。支撑点设计内容包括：

　　（1）确定构件存放与运输方式。

　　（2）确定支撑点数量、位置。

　　（3）构件是否可以多层堆放、堆放几层等。

　　（4）对构件存放和运输过程进行承载力复核。

### 2. 水平放置构件的支撑

　　（1）构件检查支架。叠合楼板、墙板、梁板、柱等构件脱模后一般要放置在支架上进行模具面的质量检查和修补，完成后再进入堆场存放。装饰一体化墙板较多采用翻转后装饰面朝上的修补方式。

　　（2）构件存放。大多数构件可以多层堆放，设计原则如下：

　　1）支撑点位置经过验算。

　　2）上下支撑点对应一致。

　　3）不宜超过 6 层。

### 3. 运输方式及其支撑

　　（1）预制构件运输包括水平放置运输和竖直放置运输。

　　（2）一些开口构件、转角构件为避免运输过程被拉裂，须采取临时拉结杆。

## 2.9.3　临时支撑设计

### 1. 水平构件临时支撑

　　预制楼板支撑一般使用金属支撑系统，有线支撑和点支撑两种方式。

　　叠合楼板一般在两端支撑，距离边缘 500mm，且支撑间距不宜大于 2000mm。安装时混凝土强度应达到设计强度 100%。施工均布荷载不大于 $1.5kN/m^2$；当载荷不均匀时，在单板范围内，折算不大于 $1.0kN/m^2$。

### 2. 竖向构件临时支撑

　　竖向构件安装就位后，为防止倾倒需设置斜支撑。斜支撑的一端固定在被支撑的预制构件上，另一端固定在地面预埋件上。

　　断面较大的柱子稳定力矩大于倾覆力矩，可不设立斜支撑。安装柱子后马上进行梁的安装也不需要斜支撑。需要设立斜支撑的柱子有一个方向和两个方向两种情况。剪力墙板需要设置斜支撑，一般布置在靠近板边的部位。

### 3. 竖向构件调整标高支点

调整标高支点有两种方法，预埋螺母法和钢垫片法

预埋螺母是最常用的调整标高支点做法：在下部构件顶部或现浇混凝土表面预埋螺母，旋入螺栓作为上部构件调整标高的支点，标高微调靠旋转螺栓实现（图 2.9-1），标高支点一般设置 4 个（图 2.9-2）。

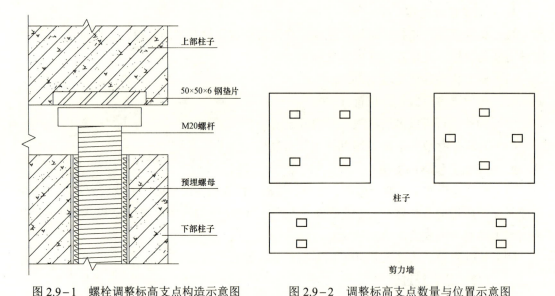

图 2.9-1　螺栓调整标高支点构造示意图（单位：mm）　　图 2.9-2　调整标高支点数量与位置示意图

# 本 节 练 习 题 及 答 案

1.（单选）叠合梁板一般在两端支撑，距离边缘（　　　），且支撑间距不宜大于 2000mm。

A. 300mm　　　　B. 500mm　　　　C. 800mm　　　　D. 1000mm

【答案】B

2.（多选）关于预制构件吊点设置，下列说法正确的是（　　　）。

A. 预制构件吊点包括脱模吊点、翻转吊点、吊运吊点、安装吊点

B. 用于脱模、翻转、吊运和安装的吊点宜"借用"预制构件安装预埋件

C. 跨度在 3.9m 以下、宽 2.4m 以下的叠合板，设置 4 个吊点；跨度为 4.2～6.0m、宽 2.4m 以下的叠合板，设置 6 个吊点

D. 柱子脱模和吊运共用吊点，设置在柱子侧面，采用内埋式螺母，便于封堵、痕迹小

【答案】ACD

# 2.10　预埋件设计

## 2.10.1　预埋件类型

用于预制混凝土构件中的预埋件有定型产品和加工制作品两类。

（1）定型产品：定型产品是专业厂家制作的标准或定型产品，包括金属内埋式螺母、塑料内埋式螺母、吊钉、内埋式螺栓、钢筋锚环等。

（2）加工制作品：加工制作品是根据设计要求制作加工的预埋件，包括钢板（或型钢）预埋件、附带螺栓的钢板预埋件、钢筋吊环、钢丝绳吊环等。

## 2.10.2　加工制作预埋件设计

### 1. 锚筋布置

锚板和直筋组成的预埋件示意图如图 2.10－1 所示。

（1）预埋件锚筋中心至锚板边缘的距离不应小于 2 倍钢筋直径和 20mm。

（2）预埋件的位置应使锚筋位于构件的外层主筋的内侧。

（3）预埋件的受力直锚筋直径不宜小于 8mm，且不宜大于 25mm。

（4）直锚筋数量不宜少于 4 根，且不宜多于 4 排。

（5）受剪预埋件的直锚筋可采用 2 根。

（6）对受拉受弯预埋件，其锚筋的间距 $b_1$、$b_2$ 和锚筋至构件边缘的距离 $c$、$c_1$，均不应小于 $3d$ 和 45mm。

（7）对受剪预埋件，其锚筋的间距 $b$、$b_1$ 不应大于 300mm，且 $b_1$ 不应小于 $6d$ 和 70mm；锚筋至构件边缘的距离 $c_1$ 不应小于 $6d$ 和 70mm；$b$、$c$ 均不应小于 $3d$ 和 45mm。

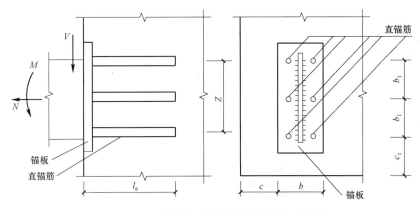

图 2.10－1　锚板和直筋组成的预埋件示意图

### 2. 锚筋锚固长度

（1）当锚筋采用 HPB300 级钢筋时，末端还应有弯钩。

（2）受剪和受压直锚筋的锚固长度不应小于 $15d$，$d$ 为锚筋的直径。

# 本节练习题及答案

1.（单选）预埋件锚筋中心至锚板边缘的距离不应小于 2*d* 和（      ）。

A. 20mm　　　　　　B. 25mm　　　　　　C. 30mm　　　　　　D. 40mm

【答案】A

2.（多选）预埋件定型产品包括（      ）。

A. 金属内埋式螺母　　　　　　　　　　B. 塑料内埋式螺母

C. 吊钉　　　　　　　　　　　　　　　D. 钢板预埋件

【答案】ABC

# 2.11　设备与管线系统设计

## 2.11.1　设计要求

（1）宜采用集成化技术，标准化设计；连接应采用标准化接口。

（2）竖向管线宜集中设于管道井中，且布置在现浇楼台板处。阀门、检查口、箱表等应统一集中设置在公共区域。

（3）设备与管线宜与主体结构相分离。

（4）排水系统宜采用同层排水。

（5）不得在安装完成后的预制构件上剔槽、打孔开洞等。

## 2.11.2　设计内容

（1）管线、阀门与箱表的集中布置。

（2）集成部品选型与连接。

（3）管线分离设计。

（4）同层排水设计。

（5）防雷设计。

（6）节能设计。

（7）设计协同等。

## 2.11.3　设计注意事项

（1）预制柱内不得埋设电气管线。

（2）外墙板构件包括剪力墙和外挂墙板不得埋设管线。

（3）预制叠合楼板中须埋设灯具接线盒和灯具固定安装预埋件。

（4）配电箱和智能化配线箱不应埋设在预制构件内，也不在边缘构件现浇混凝土埋设。应在内隔墙或边缘区域以外的现浇混凝土中埋设。

（5）电源、有线电视插座位置应避开结构构件钢筋连接区域。

（6）预制墙板内埋设的管线、插座、网线接口、开关等，必须设计到构件制作图中。

（7）预制剪力墙板与楼板之间管线连接处要留有接线预留口。

（8）楼板、阳台板等预制构件需要埋设照明灯线盒。

（9）叠合板后浇混凝土层埋设管线时，后浇层厚度不应小于 80mm。

### 2.11.4　同层排水设计

（1）在建筑排水系统中，器具排水管线及排水支管不穿越本层结构楼板到下层空间，与卫生器具同层敷设并接入排水立管的排水方式。

（2）同层排水最常用的方式是楼板降板方式。降板分为局部降板和区域降板两种方式。局部降板是指在卫生间等局部部位降板；区域降板是指楼层的一个区域整体降板。

### 2.11.5　防雷设计

（1）装配式混凝土建筑必须在预制构件中埋设防雷引下线，一般采用镀锌扁钢，尺寸不小于 25mm×4mm，构件安装后再连接。

（2）引下线在室外地面上 500mm 处设置接地电阻测试盒，测试盒内测试端子与引下线焊接。镀锌扁钢热镀锌层厚度不小于 70μm。

（3）上下贯通的后浇混凝土区域，可用 2 根 φ16 钢筋作防雷引下线。

## 本节练习题及答案

1.（单选）叠合板后浇混凝土层埋设管线时，后浇层厚度不应小于（　　）。

A. 60mm　　　　　B. 70mm　　　　　C. 100mm　　　　　D. 80mm

【答案】D

2.（多选）关于设备与管线设计的要求，说法正确的是（　　）。

A. 宜采用集成化技术，标准化设计；连接应采用标准化接口

B. 竖向管线宜集中设于管道井中，且布置在现浇楼台板处。阀门、检查口、箱表等应统一集中设置在公共区域

C. 排水系统宜采用异层排水

D. 不得在安装完成后的预制构件上剔槽、打孔开洞等

【答案】ABD

# 2.12　内装系统设计

### 2.12.1　内装系统设计要求

（1）内装系统由后期设计前移到与建筑结构设计同步设计。

（2）采用模数化、标准化设计。

（3）与建筑系统、外围护系统、设备与管线系统协同设计。

（4）进行集成化部品设计。

（5）采用装配式装修，即干法施工装修。

（6）运用 BIM 体系。

## 2.12.2 内装系统设计内容

集成式部品包括集成式厨房、集成式卫生间、整体收纳。

（1）集成式厨房由"柜式""模块"和"三面"组成，"柜式模块"包含台柜、吊柜等；模块包含设备、管线、收纳等；"三面"包含地面、墙面、顶棚。集成式厨房按照模块的平面布置分为单排式、双排式、L 形、U 形等。

（2）集成式卫生间是由工厂生产的楼地面、墙面、吊顶和洁具及管线集成并主要采用干式工法装配而成。按集成的洁具件数分为单件式、双件式、三件式三种。

（3）整体收纳是工厂生产、现场装配的模块化集成收纳产品的统称，为装配式住宅建筑内装修系统中的一部分，属于模块化部品。简单说，整体收纳就是固定家具和集成化的内装修部品。

整体收纳按位置可分为起居室、卧室、书房、门厅、餐厅、卫生间和厨房等；按功能可分为书柜、衣柜、杂物柜、食品柜、酒柜、床柜、衣帽间和电视柜等。

# 第3章 装配式建筑生产管理

## 3.1 钢筋半成品加工

### 3.1.1 钢筋半成品加工工艺

预制构件厂钢筋半成品加工，主要采用自动化钢筋网片加工设备、自动化桁架钢筋加工设备、自动化钢筋调直切断设备等。

**1. 主要钢筋加工常用设备**

主要钢筋加工常用设备见表 3.1－1。

表 3.1－1 主要钢筋加工常用设备表

| 序号 | 设备名称 | 使用场所 | 自动化程度 |
|---|---|---|---|
| 1 | 自动化钢筋网片加工设备 | 预制构件工厂 | 全自动 |
| 2 | 自动化桁架钢筋加工设备 | 预制构件工厂 | 全自动 |
| 3 | 自动化钢筋调直、剪裁设备 | 预制构件工厂 | 全自动 |
| 4 | 切断机 | 预制构件工厂/工地 | 半自动/手动 |
| 5 | 大直径钢筋数控弯曲机 | 预制构件工厂/工地 | 全自动 |
| 6 | 全自动箍筋加工机 | 预制构件工厂 | 全自动 |
| 7 | 钢筋调直切断机 | 预制构件工厂/工地 | 全自动 |
| 8 | 弯曲机 | 预制构件工厂/工地 | 半自动/手动 |
| 9 | 弯箍机 | 预制构件工厂/工地 | 手动 |
| 10 | 数控调直弯箍一体机 | 预制构件工厂/工地 | 全自动 |
| 11 | 电焊机 | 预制构件工厂/工地 | 手动 |
| 12 | 套丝机 | 预制构件工厂/工地 | 手动 |

**2. 自动化钢筋网片焊接生产线**

钢筋网片自动化成型主要采用全自动钢筋网焊接机，该设备能完成钢筋调直、布筋、焊接、剪断、抓取入库等作业，可加工的钢筋直径范围为 5～12mm。一般在全自动生产线中用于叠合楼板网片筋的焊接，选择该设备时应主要考虑焊接钢筋的规格及可焊接钢筋网的幅宽。

设备由电气控制部分、纵筋原料架、纵筋调直机、纵筋布料机构、纵筋送进机构、焊接机构、横筋调直机构、横筋下料机构、拉网机构、网片输出机构、气路系统、冷却水路系统等部分组成。

自动化钢筋网片加工设备工艺如图 3.1-1 所示。

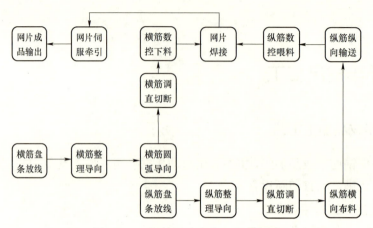

图 3.1-1 钢筋网片生产工艺流程图

（1）原料上料：将线材钢筋原料分别上料到横筋和纵筋盘条放线架。

（2）经过对应的理线框对钢筋进行整理导向。

（3）纵筋进入调直切断机后按网片要求生产网片纵筋。

（4）调直切断机配合横向布料系统，按照网片纵筋间距要求完成纵筋的生产和就位。

（5）成组纵筋调整后，纵向输送系统抓取钢筋并向焊接主机方向输送。

（6）数控喂料系统把成组纵向钢筋按坐标要求喂送至上下电极之间，等待横筋下料。

（7）横向钢筋通过圆弧导向改变运动方向，垂直于纵向钢筋前进，进入钢筋调直切断机。

（8）横筋调直切断机按网片要求顺序进行生产。

（9）横筋下料系统配合网片伺服节奏，将横筋布置到焊机上下极之间，与纵筋成垂直方向，完成焊接工作。

（10）焊机与焊点对应的焊接单元压紧通电焊接，完成单排钢筋的电阻焊。

（11）按照横筋间距要求，网片伺服牵引系统对网片进行定位，完成网片焊接。

（12）网片成型后通过拉网、接网、叠网及送网机构完成网片收集工作。

自动钢筋网片生产线可以在设计位置完成开门窗孔洞网片的生产过程，也可以生产不含孔洞的标准网片。

**3. 自动桁架焊接生产线**

自动桁架焊接成型设备就是将螺纹钢盘料和圆钢盘料自动加工后焊接成三角形桁架的全自动专用设备，主要分为放料架、校直机构、焊接机构、卸料架、液压系统和电气控制系统六部分。可加工的钢筋为：上下弦钢筋一般采用 HRB400 三级钢筋，钢筋直径为 8～12mm，腹杆钢筋为 HPB300 一级钢筋，钢筋直径为 6.5mm。选择该设备时应主要考虑可焊接钢筋的最大规格及可焊接桁架筋的最大高度。

自动桁架焊接生产加工工艺如图 3.1-2 所示。

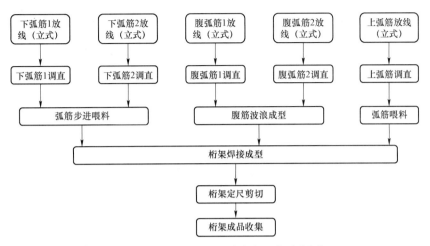

图 3.1-2　桁架钢筋网片生产工艺流程图

#### 4. 自动化钢筋调直、剪裁设备

自动化钢筋调直、剪裁设备，主要用于盘卷钢筋的调直和剪裁。

#### 5. 钢筋成型设备

（1）钢筋切断机。用于将整根钢筋切断，多为手动。

（2）大直径钢筋数控弯曲机。最大能加工弯曲直径为 32mm 的高强度螺纹钢，如梁、柱等的主筋。可实现钢筋筛分、入料、弯曲过程自动化作业。

### 3.1.2　预制构件工厂钢筋加工

#### 1. 钢筋翻样

钢筋翻样包括预算翻样和施工翻样。

施工翻样是根据图纸及相关规范标详细列出预制构件中钢筋的规格、形状、尺寸、数量、重量等内容，将每种类型的钢筋进行编号，形成钢筋下料单，连同配筋图一并作为作业人员钢筋下料、制作和绑扎安装的依据。

#### 2. 钢筋长度计算

（1）未伸出构件的直筋长度=构件图示尺寸-保护层厚度×2+搭接长度（图 3.1-3）。

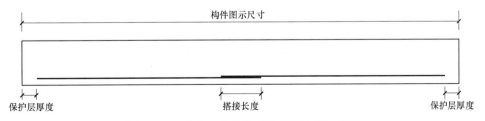

图 3.1-3　未伸出构件的直筋长度计算示意图

（2）伸出构件的直筋长度＝构件图示尺寸＋两端伸出长度＋搭接长度（图3.1-4）。

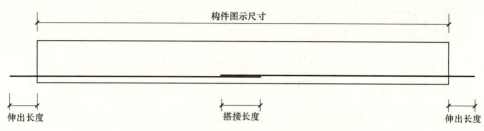

图3.1-4  伸出构件的直筋长度计算示意图

（3）未伸出构件的弯筋长度＝构件图示尺寸－保护层厚度×2＋搭接长度＋两端弯折长度＋弯曲调整值＋弯起段长度－弯起段投影长度（图3.1-5）。

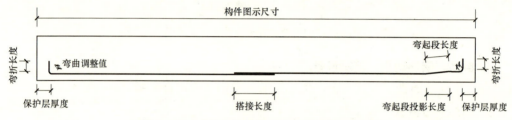

图3.1-5  未伸出构件的弯筋长度计算示意图

（4）伸出构件的弯筋长度＝构件图示尺寸＋搭接长度＋两端伸出长度＋两端弯折长度＋弯曲调整值＋弯起段长度－弯起段投影长度（图3.1-6）。

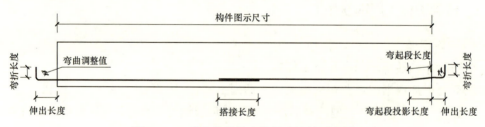

图3.1-6  伸出构件的弯筋长度计算示意图

（5）未伸出构件的箍筋长度＝（构件截面图示长度－保护层厚度×2＋构件截面图示高度－保护层厚度×2）×2＋弯曲调整值＋弯钩平直长度×2（图3.1-7）。

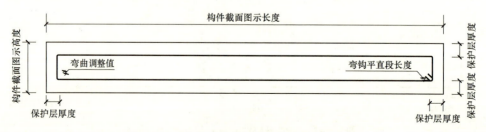

图3.1-7  未伸出构件的箍筋长度计算示意图

（6）伸出构件的箍筋长度＝（构件截面图示长度＋构件截面图示高度－保护层厚度×2）×2＋两端伸出长度＋弯曲调整值＋弯钩平直长度×2（图3.1－8）。

图 3.1－8　伸出构件的箍筋长度计算示意图

（7）曲线钢筋计算长度＝构件图示尺寸－保护层厚度×2＋两端弯折长度＋弯曲调整值（图3.1－9）。

图 3.1－9　曲线钢筋长度计算示意图

### 3. 钢筋重量计算

每种类型钢筋重量计算＝该种钢筋的单位长度×该类钢筋每根长度×该类钢筋的根数。常用规格钢筋单位长度重量见表3.1－2。

表 3.1－2　　　　　　　　　常用规格钢筋单位长度重量表

| 钢筋规格/mm | 单位重量/kg | 钢筋规格/mm | 单位重量/kg | 钢筋规格/mm | 单位重量/kg |
|---|---|---|---|---|---|
| Φ6 | 0.222 | Φ14 | 1.21 | Φ22 | 2.986 |
| Φ8 | 0.395 | Φ16 | 1.58 | Φ25 | 3.856 |
| Φ10 | 0.617 | Φ18 | 1.999 | Φ28 | 4.837 |
| Φ12 | 0.888 | Φ20 | 2.47 | Φ32 | 6.31 |

### 4. 伸出钢筋定位

伸出钢筋的定位工装包括中心位置定位及伸出长度定位。

### 5. 预制构件钢筋加工工艺流程

预制构件钢筋加工工艺流程为：钢筋调直→钢筋下料→弯曲成型→钢筋连接→形成钢筋骨架。

受力钢筋下料长度偏差应控制在±10mm 范围内。

**6. 钢筋骨架验收**

（1）焊接的钢筋网片骨架验收。

1）焊接钢筋网片骨架焊点开焊数量不应超过整张网片骨架交叉点总数的 1%，并且任意一根钢筋上开焊点不应超过该支钢筋上交叉点总数的 50%。

2）焊接钢筋网片骨架最外圈的钢筋上的交叉点不应开焊。

3）钢筋焊接网片骨架纵向筋、横向筋间距应与设计要求一致，布筋间距允许偏差取 ±10mm 和规定间距的 ±5% 两者中的较大值。

4）焊接钢筋网片骨架的长度和宽度允许偏差取 ±25mm 和规定长度 ±5% 的较大值。

（2）绑扎的钢筋骨架验收。

1）受力钢筋沿长度方向的净尺寸允许偏差不得大于 ±10mm，弯起钢筋的弯折位置偏差不得大于 ±20mm，箍筋外廓尺寸允许偏差不得大于 ±5mm。

2）钢筋交叉点应满绑，相邻点的绑丝扣成八字开，绑丝头顺钢筋方向压平或朝向钢筋骨架内侧，绑扎应牢固。

# 本节练习题及答案

1.（单选）下列（　　）不是未伸出构件直筋的计算参数。

A. 构件图示尺寸　　B. 保护层厚度　　C. 搭接长度　　D. 钢筋加工调整值

【答案】D

2.（单选）钢筋下料时，受力钢筋下料长度偏差应控制在（　　）范围内。

A. ±10mm　　B. ±8mm　　C. ±12mm　　D. +10mm

【答案】A

3.（单选）自动化桁架筋加工设备，可以加工弦筋尺寸范围为（　　）。

A. 4～8mm　　B. 6～15mm　　C. 5～12mm　　D. 10～20mm

【答案】C

4.（多选）钢筋的重量计算包含的参数有（　　）。

A. 该种钢筋的单位长度　　　　B. 该类钢筋每根长度

C. 该类钢筋的根数　　　　　　D. 该类钢筋的损耗

【答案】ABC

5.（多选）焊接的钢筋网片骨架验收规定中，说法正确的是（　　）。

A. 焊接钢筋网片骨架焊点开焊数量不应超过整张网片骨架交叉点总数的10%

B. 焊接钢筋网片骨架最外圈钢筋上的交叉点不应开焊

C. 钢筋焊接网片骨架纵向筋、横向筋间距应与设计要求一致，布筋间距允许偏差取 ±10mm 和规定间距的 ±5% 两者中的较大值

D. 焊接钢筋网片骨架的长度和宽度允许偏差取 ±25mm 和规定长度 ±5% 的较大值

【答案】BCD

6.（多选）选择全自动钢筋网焊接机时应考虑的因素有（　　　）。

A. 焊接钢筋的规格　　　　　　　　B. 可焊接钢筋网的幅宽

C. 工人的技能　　　　　　　　　　D. 焊接钢筋的长度

【答案】AB

# 3.2　预制构件制作的相关规定

## 3.2.1　装配式混凝土建筑国家标准规定

**1.《装配式混凝土建筑技术标准》（GB/T 51231—2016）的相关规定**

（1）预埋件、连接件等材料质量的规定。

1）预埋吊件进厂检验：同一厂家、同一类别、同一规格预埋吊件不超过 10 000 件为一批，按批抽取试样进行外观尺寸、材料性能、抗拉拔性能等试验，检验结果应符合设计要求。

2）内外叶墙体拉结件进厂检验：同一厂家、同一类别、同一规格产品不超过 10 000 件为一批，按批抽取试样进行外观尺寸、材料性能、力学性能检验，检验结果应符合设计要求。

3）钢筋浆锚连接用镀锌金属波纹管进厂应全数检查外观质量，其外观应清洁，内外表面应无锈蚀、油污、附着物、孔洞，不应有不规则褶皱，咬口应无开裂、脱扣。应进行径向刚度和抗渗漏性能检验，检查数量应按进场的批次和产品的抽样检验方案确定。

（2）模具的相关规定。

1）模具制作加工前应制订加工方案，应建立健全模具验收和使用制度。

2）模具应具有足够的刚度、强度及稳定性。

3）结构造型复杂、外形有特殊要求的模具应制作样板模具，经检验合格后方可进行批量生产。

4）应定期检查侧模、端模、工装的有效性；重新启用的模具应经检验合格后方可使用。

预制构件模具允许尺寸偏差和检验方法见表 3.2-1。

表 3.2-1　　　　　　　　　　　预制构件模具尺寸允许偏差和检验方法

| 项次 | 检验项目及内容 | | 允许偏差/mm | 检验方法 |
|---|---|---|---|---|
| 1 | 长度 | ≤6m | 1，2 | 用尺量平行构件高度方向，取其中偏差绝对值较大处 |
| | | >6m 且≤12m | 2，-4 | |
| | | >12m | 3，-5 | |
| 2 | 宽度、高（厚）度 | 墙板 | 1，-2 | 用尺量两端或中部，取其中偏差绝对值较大处 |
| 3 | | 其他构件 | 2，-4 | |
| 4 | 对角线差 | | 3 | 用尺量对角线 |

| 项次 | 检验项目及内容 | 允许偏差/mm | 检验方法 |
|---|---|---|---|
| 5 | 侧向弯曲 | $l/1500$ 且≤5 | 拉线、用钢尺量测侧向弯曲最大处 |
| 6 | 翘曲 | $l/15\ 000$ | 对角拉线测量交点距离值的 2 倍 |
| 7 | 底模表面平整度 | 2 | 用 2m 靠尺和塞尺量 |
| 8 | 组装缝隙 | 1 | 用塞片或塞尺量，取最大值 |
| 9 | 端模与侧模高低差 | 1 | 用钢尺量 |

注：$l$ 为模具与混凝土接触面中最长边的尺寸，单位 mm。

预制构件上的预埋件与预留洞宜通过模具进行定位安装。其安装偏差见表 3.2-2。

**表 3.2-2  模具上预埋件、预留洞安装允许偏差表**

| 项次 | 检验项目 | | 允许偏差/mm | 检验方法 |
|---|---|---|---|---|
| 1 | 预埋钢板、建筑幕墙用槽式预埋件 | 中心线位置 | 3 | 用尺量纵横两个方向的中心线位置，取其中较大值 |
| | | 平面高差 | ±2 | 钢直尺和塞尺检查 |
| 2 | 预埋管、线盒、线管水平和垂直方向的中心线位置偏移、预留孔、浆锚搭接预留孔（或波纹管） | | 2 | 用尺量纵横两个方向的中心线位置，取其中较大值 |
| 3 | 插筋 | 中心线位置 | 3 | 用尺量纵横两个方向的中心线位置，取其中较大值 |
| | | 外露长度 | ±10，0 | 用尺量 |
| 4 | 吊环 | 中心线位置 | 3 | 用尺量纵横两个方向的中心线位置，取其中较大值 |
| | | 外露长度 | 0，−5 | 用尺量 |
| 5 | 预埋螺栓 | 中心线位置 | 2 | 用尺量纵横两个方向的中心线位置，取其中较大值 |
| | | 外露长度 | +5，0 | 用尺量 |
| 6 | 预埋螺母 | 中心线位置 | 2 | 用尺量纵横两个方向的中心线位置，取其中较大值 |
| | | 平面高差 | ±1 | 用钢直尺和塞尺检查 |
| 7 | 预留洞 | 中心线位置 | 3 | 用尺量纵横两个方向的中心线位置，取其中较大值 |
| | | 尺寸 | +3，0 | 用尺量纵横两个方向的尺寸，取其中较大值 |
| 8 | 灌浆套筒及连接钢筋 | 套筒中心线位置 | 1 | 用尺量纵横两个方向的中心线位置，取其中较大值 |
| | | 连接钢筋中心线位置 | 1 | 用尺量纵横两个方向的中心线位置，取其中较大值 |
| | | 连接钢筋外露长度 | +5，0 | 用尺量 |

预制构件预埋门窗框时，应在模具上设置限位装置进行固定，并应逐件检查。门窗框安装偏差和检查方法见表 3.2-3。

表 3.2-3　　　　　　　　　　门窗框安装允许偏差和检验方法

| 项目 | | 允许偏差/mm | 检验方法 |
|---|---|---|---|
| 锚固脚片 | 中心线位置 | 5 | 用钢尺量测 |
| | 外露长度 | +5, 0 | 用钢尺量测 |
| 门窗框位置 | | 2 | 用钢尺量测 |
| 门窗框高、宽 | | ±2 | 用钢尺量测 |
| 门窗框对角线 | | ±2 | 用钢尺量测 |
| 门窗框平整度 | | 2 | 用靠尺量测 |

（3）钢筋和预埋件制作、安装的相关规定。

1）钢筋接头的方式、位置、同一截面受力钢筋的接头百分率、钢筋的搭接长度及锚固长度等应符合设计要求或现行国家标准的规定。

2）钢筋焊接接头、机械连接接头和套筒灌浆连接接头应进行工艺试验，合格后方可进行生产。

3）螺纹接头和半灌浆套筒连接接头应使用专用的扭力扳手拧紧至规定扭力值。

4）钢筋焊接接头和机械连接接头应全数进行外观检查。

5）钢筋半成品、钢筋网片、钢筋骨架、钢筋桁架的混凝土保护层厚度应满足设计要求。保护层垫块宜与钢筋骨架或网片绑扎牢固，按梅花状布置，间距满足钢筋限位及控制变形要求，钢筋绑扎甩扣应弯向构件内侧。

钢筋桁架的尺寸允许偏差见表 3.2-4。

表 3.2-4　　　　　　　　　　　钢筋桁架尺寸允许偏差

| 项次 | 检验项目 | 允许偏差/mm |
|---|---|---|
| 1 | 长度 | 总长度的±0.3%，且不超过±10 |
| 2 | 高度 | +1, -3 |
| 3 | 宽度 | ±5 |
| 4 | 扭翘 | ≤5 |

钢筋成品的尺寸允许偏差见表 3.2-5。

表 3.2-5　　　　　　　　　　　钢筋成品尺寸允许偏差

| 项目 | | 允许偏差/mm | 检验方法 |
|---|---|---|---|
| 钢筋网片 | 长、宽 | ±5 | 用直尺检查 |
| | 网眼尺寸 | ±10 | 用尺连续量三挡，取其中最大值 |
| | 对角线 | 5 | 用直尺检查 |
| | 端头不齐 | 5 | 用直尺检查 |
| 钢筋骨架 | 长 | 0, 5 | 用直尺检查 |
| | 宽 | ±5 | 用直尺检查 |

| 项目 | | 允许偏差/mm | 检验方法 |
|---|---|---|---|
| 钢筋骨架 | 高（厚） | ±5 | 用直尺检查 |
| | 主筋间距 | ±10 | 用尺量两端、中间各一点，取其中最大值 |
| | 主筋排距 | ±5 | 用尺量两端、中间各一点，取其中最大值 |
| | 箍筋间距 | ±10 | 用尺连续量三挡，取其中最大值 |
| | 弯起点位置 | 15 | 用直尺检查 |
| | 端头不齐 | 5 | 用直尺检查 |
| | 保护层 柱、梁 | ±5 | 用直尺检查 |
| | 板、墙 | ±3 | 用直尺检查 |

预埋件加工允许偏差见表 3.2-6。

表 3.2-6　　　　　　　　　　　　预埋件加工允许偏差

| 项次 | 检验项目 | | 允许偏差/mm | 检验方法 |
|---|---|---|---|---|
| 1 | 预埋件锚板的边长 | | 0，-5 | 用直尺测量 |
| 2 | 预埋件锚板的平整度 | | 1 | 用直尺测量 |
| 3 | 锚筋 | 长度 | 10，-5 | 用直尺测量 |
| | | 间距偏差 | ±10 | 用直尺测量 |

（4）预制预应力构件的规定。

1）预应力筋应使用砂轮锯或切断机等机械方法切断，不得采用电弧或气焊切断。

2）钢丝镦头的头型直径不宜小于钢丝直径的 1.5 倍，高度不宜小于钢丝直径；镦头不应出现横向裂纹。

3）当钢丝束两端均采用镦头锚具时，同一束中各根钢丝长度的极差不应大于钢丝长度的 1/5000，且不应大于 5mm；当成组张拉长度不大于 10m 的钢丝时，同组钢丝长度的极差不得大于 2mm。

4）预应力筋张拉设备及压力表应配套标定和使用，标定期限不应超过半年；当使用过程中出现反常现象或张拉设备检修后，应重新标定。

5）采用应力控制方法张拉时，应校核最大张拉力下预应力筋伸长值。实测伸长值与计算伸长值的偏差应控制在 ±6% 之内。

6）预应力筋的张拉应符合设计要求，并应符合下列规定：

① 宜采用多根预应力筋整体张拉；单根张拉时应采取对称和分级方式，按照校准的张拉力控制张拉精度，以预应力筋的伸长值作为校核。

② 对预制屋架等平卧叠浇构件，应从上而下逐榀张拉。

③ 预应力筋张拉时，应从零拉力加载至初拉力后，量测伸长值初读数，再以均匀速率加载至张拉控制力。

④ 预应力筋张拉锚固后，应对实际建立的预应力值与设计给定值的偏差进行控制；

应以每工作班为一批，抽查预应力筋总数的 1%，且不少于 3 根。

7）预应力筋放张时，混凝土强度应符合设计要求，且同条件养护的混凝土立方体抗压强度不应低于设计混凝土强度等级值的 75%；采用消除应力钢丝或钢绞线作为预应力筋的先张法构件，尚不应低于 30MPa。

（5）预制构件成型、养护及脱模的规定。

1）浇筑混凝土前应进行钢筋、预应力筋的隐蔽工程检查。隐蔽工程检查项目应包括：

① 钢筋的牌号、规格、数量、位置和间距。

② 纵向受力钢筋的连接方式、接头位置、接头质量、接头面积百分率、搭接长度、锚固方式及锚固长度。

③ 箍筋弯钩的弯折角度及平直段长度。

④ 钢筋的混凝土保护层厚度。

⑤ 预埋件、吊环、插筋、灌浆套筒、预留孔洞、金属波纹管的规格、数量、位置及固定措施。

⑥ 预埋线盒和管线的规格、数量、位置及固定措施。

⑦ 夹芯外墙板的保温层位置和厚度，拉结件的规格、数量和位置。

⑧ 预应力筋及其锚具、连接器和锚垫板的品种、规格、数量、位置。

⑨ 预留孔道的规格、数量、位置，灌浆孔、排气孔、锚固区局部加强构造。

2）混凝土应进行抗压强度检验，混凝土检验试件应在浇筑地点取样制作，每拌制 100 盘且不超过 100m³ 时的同一配合比混凝土或每工作班拌制的同一配合比的混凝土不足 100 盘为一批，每批制作强度检验试块不少于 3 组、随机抽取 1 组进行同条件转标准养护后进行强度检验，其余作为同条件试件在预制构件脱模和出厂时控制其混凝土强度。

3）蒸汽养护的预制构件，其强度评定混凝土试块应随同构件蒸养后，再转入标准条件养护。构件脱模起吊，预应力张拉或放张的混凝土同条件试块，其养护条件应与构件生产中采用的养护条件相同。

4）除设计有要求外，预制构件出厂时的混凝土强度不宜低于设计混凝土强度等级值的 75%。

5）带保温材料的预制构件宜采用水平浇筑方式成型，在上层混凝土浇筑完成之前，下层混凝土不得初凝。

6）预制构件养护应符合下列规定：

① 混凝土浇筑完毕或压面工序完成后应及时覆盖保湿，脱模前不得揭开。

② 加热养护可选择蒸汽加热、电加热或模具加热等方式，加热养护宜采用温度自动控制装置，在常温下宜预养护 2～6h，升、降温速度不宜超过 20℃/h，最高养护温度不宜超过 70℃。预制构件脱模时的表面温度与环境温度的差值不宜超过 25℃。

③ 夹芯保温外墙板最高养护温度不宜大于 60℃。

7）预制构件脱模起吊时的混凝土强度应符合设计要求，且不宜小于 15MPa。

8）预制构件吊运吊索水平夹角不宜小于 60°，不应小于 45°，严禁吊装构件长时间悬停在空中。

（6）预制构件存放的规定。

1）预制构件成品外露保温板应采取防止开裂措施，外露钢筋应采取防弯折措施，外露预埋件和连接件等外露金属件应按不同环境类别进行防护或防腐、防锈。

2）宜采取保证吊装前预埋螺栓孔清洁的措施。

3）钢筋连接套筒、预埋孔洞应采取防止堵塞的临时封堵措施。

（7）预制构件运输的规定。

1）预制构件在运输过程中应设置柔性垫片避免预制构件边角部位或链索接触处的混凝土损伤。

2）带外饰面的构件，用塑料薄膜包裹垫块避免预制构件外观污染。

3）墙板门窗框、装饰表面和棱角采用塑料贴膜或其他措施防护。

4）采用靠放架立式运输时，构件与地面倾斜角度应宜大于80°，构件应对称靠放，每侧不大于2层，构件层间上部采用木垫块隔离。

5）采用插放架直立运输时，应采取防止构件倾倒措施，构件之间应设置隔离垫块。

6）水平运输时，预制梁、柱构件叠放不宜超过3层，板类构件叠放不宜超过6层。

**2.《混凝土结构工程施工质量验收规范》（GB 50204—2015）相关规定**

（1）预制构件结构性能检验应符合下列规定：

1）梁板类简支受弯预制构件进场时应进行结构性能检验。

2）钢筋混凝土构件和允许出现裂缝的预应力混凝土构件应进行承载力、挠度和裂缝宽度检验；不允许出现裂缝的预应力混凝土构件应进行承载力、挠度和抗裂检验。

3）对其他预制构件，除设计有专门要求外，进场时可不做结构性能检验。

（2）预制构件的外观质量不应有严重缺陷，且不应有影响结构性能和安装、使用功能的尺寸偏差。

（3）预制构件的外观质量不应有一般缺陷。

（4）预制构件应有标识。

（5）预制构件的尺寸允许偏差及检验方法见表3.2-7。

表3.2-7　　　　　　　　　　　　预制构件尺寸允许偏差及检验方法

| 项　　目 | | | 允许偏差/mm | 检验方法 |
|---|---|---|---|---|
| 长度 | 楼板、梁、柱、桁架 | ＜12m | ±5 | 用尺量测 |
| | | ≥12m且＜18m | ±10 | 用尺量测 |
| | | ≥18m | ±20 | 用尺量测 |
| | 墙板 | | ±4 | 用尺量测 |
| 宽度高（厚）度 | 楼板、梁、柱、桁架 | | ±5 | 用尺量一端和中部，取其中偏差绝对值较大处 |
| | 墙板 | | ±4 | |
| 表面平整度 | 楼板、梁、柱、墙板内表面 | | 5 | 用尺量测 |
| | 墙板外表面 | | 3 | |

| 项　　目 | | 允许偏差/mm | 检验方法 |
|---|---|---|---|
| 侧向弯曲 | 楼板、梁、柱 | $l$/750 且≤20 | 拉线、用尺量测最大侧向弯曲处 |
| | 墙板、桁架 | $l$/1000 且≤20 | |
| 翘曲 | 楼板 | $l$/750 | 用调平尺在两端量测 |
| | 墙板 | $l$/1000 | |
| 对角线 | 楼板 | 10 | 用尺量两个对角线 |
| | 墙板 | 5 | |
| 预留孔 | 中心线位置 | 5 | 用尺量测 |
| | 孔尺寸 | ±5 | |
| 预留洞 | 中心线位置 | 10 | 用尺量测 |
| | 洞口尺寸、深度 | ±10 | |
| 预埋件 | 预埋板中心线位置 | 5 | 用尺量测 |
| | 预埋板与混凝土面平面高差 | 0，−5 | |
| | 预埋螺栓 | 2 | |
| | 预埋螺栓外露长度 | 10，−5 | |
| | 预埋套筒、螺母中心线位置 | 2 | |
| | 预埋套筒、螺母与混凝土面平面高差 | ±5 | |
| 预留插筋 | 中心线位置 | 5 | 用尺量测 |
| | 外露长度 | 10，−5 | |
| 键槽 | 中心线位置 | 5 | 用尺量测 |
| | 长度、宽度 | ±5 | |
| | 深度 | ±10 | |

注：$l$ 为构件长度，单位 mm。

## 3.2.2　装配式混凝土建筑行业标准规定

**1.《装配式混凝土结构技术规程》（JGJ 1—2014）相关规定**

（1）预制结构构件采用钢筋套筒灌浆连接时，应在构件生产前进行钢筋套筒灌浆连接接头的抗拉强度试验，每种规格的连接接头试件数量应不少于 3 个。

（2）加热养护宜在常温下静停 2～6h，升、降温速度不应超过 20℃/h，最高养护温度不宜超过 70℃。预制构件出池的表面温度与环境温度的差值不宜超过 25℃。

（3）脱模起吊时，预制构件的混凝土立方体抗压强度应满足设计要求，且不小于 I5N/mm²。

（4）预制构件尺寸允许偏差及检验方法见表 3.2－8。

表 3.2-8　　　　　　　　　　　预制构件尺寸允许偏差及检验方法

| 项　目 | | | 允许偏差/mm | 检验方法 |
|---|---|---|---|---|
| 长度 | 楼板、梁、柱、桁架 | <12m | ±5 | 用尺量测 |
| | | ≥12m且<18m | ±10 | |
| | | ≥18m | ±20 | |
| | 墙板 | | ±4 | |
| 宽度高（厚）度 | 楼板、梁、柱、桁架截面尺寸 | | ±5 | 尺量一端和中部，取其中偏差绝对值较大处 |
| | 墙板的高度、厚度 | | ±3 | |
| 表面平整度 | 楼板、梁、柱、墙板内表面 | | 5 | 用尺量测 |
| | 墙板外表面 | | 3 | |
| 侧向弯曲 | 楼板、梁、柱 | | $l/750$且≤20 | 拉线、直尺量测最大侧向弯曲处 |
| | 墙板、桁架 | | $l/1000$且≤20 | |
| 翘曲 | 板 | | $l/750$ | 调平尺在两端量测 |
| | 墙板 | | $l/1000$ | |
| 对角线差 | 板 | | 10 | 尺量两个对角线 |
| | 墙板、门窗口 | | 5 | |
| 挠度变形 | 梁、板、桁架设计起拱 | | ±10 | 拉线、直尺量测最大侧向弯曲处 |
| | 梁、板、桁架下垂 | | 0 | |
| 预留孔 | 中心线位置 | | 5 | 用尺量测 |
| | 孔尺寸 | | ±5 | |
| 预留洞 | 中心线位置 | | 10 | 用尺量测 |
| | 洞口尺寸、深度 | | ±10 | |
| 门窗口 | 中心线位置 | | 5 | 用尺量测 |
| | 宽度、高度 | | ±3 | |
| 预埋件 | 预埋件锚板中心线位置 | | 5 | 用尺量测 |
| | 预埋件锚板与混凝土面平面高差 | | 0，-5 | |
| | 预埋螺栓中心线位置 | | 2 | |
| | 预埋螺栓外露长度 | | 10，-5 | |
| | 预埋套筒、螺母中心线位置 | | 2 | |
| | 预埋套筒、螺母与混凝土面平面高差 | | ±5 | |
| | 线管、线盒、木砖、吊环在构件平面的中心线位置偏差 | | 20 | |
| | 线管、线盒、木砖、吊环与构件表面混凝土高差 | | 0，-10 | 用尺量测 |
| 预留插筋 | 中心线位置 | | 5 | 用尺量测 |
| | 外露长度 | | 10，-5 | |
| 键槽 | 中心线位置 | | 5 | 用尺量测 |
| | 长度、宽度 | | ±5 | |
| | 深度 | | ±10 | |

注：$l$为构件最长边的长度，单位 mm。

**2.《钢筋套筒灌浆连接应用技术规程》（JGJ 355—2015）相关规定**

钢筋套筒灌浆连接是装配式建筑主体结构连接的主要方式，《钢筋套筒灌浆连接应用技术规程》中对于预制构件制作中钢筋套筒灌浆连接接头施工的要求如下：

（1）钢筋套筒灌浆连接接头的抗拉强度不应小于连接钢筋抗拉强度标准值，且破坏时应断于接头外钢筋。

（2）钢筋与全灌浆套筒连接时，插入深度应满足设计锚固深度要求，一般宜插到套筒中心挡片处。

（3）混凝土浇筑之前的隐蔽工程验收时，验收灌浆套筒的型号、数量、位置及灌浆孔、出浆孔、排气孔的位置。

（4）预制构件拆模后，灌浆套筒和外露钢筋的允许偏差及检验方法见表3.2-9。

表3.2-9　　　　　　　　预制构件灌浆套筒和外露钢筋的允许偏差及检验方法

| 项　目 | | 允许偏差/mm | 检查方法 |
|---|---|---|---|
| 灌浆套筒中心位置 | | +2，0 | 尺量 |
| 外露钢筋 | 中心位置 | +2，0 | |
| | 外露长度 | +10，0 | |

# 本节练习题及答案

1.（单选）《装配式混凝土结构技术规程》（JGJ 1—2014）规定：预制构件出池的表面温度与环境温度的差值不宜超过（　　　）。

A. 20℃　　　　　　　　B. 25℃　　　　　　　　C. 26℃　　　　　　　　D. 22℃

【答案】B

2.（多选）《装配式混凝土建筑技术标准》（GB/T 51231—2016）中对预埋件、连接件等材料质量的规定，正确的是（　　　）。

A. 预埋吊件进厂检验要求同一厂家、同一类别、同一规格预埋吊件不超过10 000件为一批，按批抽取试样进行外观尺寸、材料性能、抗拉性能等试验，检验结果应符合设计要求

B. 内外叶墙体拉结件进厂检验要求同一厂家、同一类别、同一规格产品不超过10 000件为一批，按批抽取试样进行外观尺寸、材料性能、力学性能检验，检验结果应符合设计要求

C. 预埋吊件进厂检验要求同一厂家、同一类别、同一规格预埋吊件不超过10 000件为一批，按批抽取试样进行外观尺寸、材料性能、抗拉拔性能等试验，检验结果应符合设计要求

D. 内外叶墙体拉结件进厂检验要求同一厂家、同一类别、同一规格产品不超过10 000件为一批，按批抽取试样进行外观尺寸、材料性能检验，检验结果应符合设计要求

【答案】BC

## 3.3 原材料验收

**1. 钢筋进厂验收**

（1）钢筋进厂验收组批规则。由同一牌号、同一炉罐号、同一尺寸且不超过 60t 的钢筋组成一个检验批；超过 60t，每增加 40t（或不足 40t 的余数），增加一个拉伸试样和一个弯曲试样；允许由同一牌号、同一冶炼方法、同一浇筑方法的不同炉罐号组成混合批，各炉罐号含碳量之差不大于 0.02%，含锰量之差不大于 0.15%，混合批重量不大于 60t。

（2）钢筋进厂质量验收内容。

1）资料及质量证明文件的验收。钢筋及相关材料进厂时应收集并核验生产厂家资料、合格证、质量证明书等相关材料。

2）表面质量验收。

3）尺寸偏差验收。热轧带肋钢筋按定尺交货时的长度允许偏差为 ±25mm，当要求最小长度时，其偏差为 +50mm，当要求最大长度时，其偏差为 −50mm。热轧光圆钢筋按定尺交货时，其长度允许偏差范围为 0～+50mm。

4）重量偏差验收。钢筋应进行重量偏差验收，从 5 根不同的钢筋上截取 5 根长度不小于 500mm（精确到 1mm）的试样，按下式计算重量偏差，测量试样总重量时应精确到不大于总重量的 1%。且钢筋重量偏差应符合表 3.3−1 的规定。

$$重量偏差 = \frac{试样实际总重量 - (试样总长度 \times 理论重量)}{试样总长度 \times 理论重量} \times 100\%$$

表 3.3−1 　　　　　　　　　　　　　　钢筋重量允许偏差表

| 公称直径/mm | 实际重量与理论重量偏差（%） | |
| --- | --- | --- |
| | 热轧光圆钢筋 | 热轧带肋钢筋 |
| 6、8、10、12 | ±6 | ±7 |
| 14、16、18、20 | ±5 | ±5 |
| 22 | ±5 | ±4 |
| 25、28、32、36、40、50 | — | ±4 |

5）力学性能验收。进厂的钢筋应进行力学性能检验。钢筋力学性能检验分为拉伸实验和弯曲试验，两项试验均合格。

**2. 灌浆套筒进厂验收**

（1）灌浆套筒进厂验收组批规则。同一批号、同一类型、同一规格且不超过 1000 个灌浆套筒组成一个验收批。

（2）灌浆套筒进厂质量验收内容。

1）验收质量证明书、型式检验报告等应与灌浆套筒一致且在有效期内。型式检验报告有效期为 4 年，按灌浆套筒进厂验收日期确定。

2）灌浆套筒进厂时，应按组批规则的要求从每一检验批中随机抽取 10 个灌浆套筒进行外观、标识、尺寸偏差的验收。

3）灌浆套筒进厂时，每一检验批应抽取 3 个灌浆套筒并采用与之匹配的灌浆料制作对中连接接头试件，同时进行抗拉强度试验，接头的抗拉强度不应小于连接钢筋的抗拉强度标准值，且破坏时应断于接头外钢筋。此项试验是行业标准强制性试验项目。

**3. 机械套筒进厂验收**

（1）机械套筒进厂验收组批规则。由同原材料、同批号、同类型、同规格、且不超过 1000 机械套筒组成一个验收批。

（2）机械套筒进厂验收内容。

1）验收质量证明书、型式检验报告等资料应与机械套筒一致且在有效期内。型式检验报告有效期为 4 年，按机械套筒进厂验收日期确定。

2）机械套筒进厂时，应按组批规则的要求从每一检验批中随机抽取10%数量的机械套筒进行外观、标识、尺寸偏差的验收，合格率大于或等于 95% 时，该验收批评定为合格；合格率小于 95% 时，允许一次加倍复试，加倍复试结果合格率大于或等于 95%，验收批合格，合格率小于 95%，逐个检查，检查合格方可接收。

机械套筒尺寸偏差应满足表 3.3-2 的要求。

表 3.3-2　机械套筒尺寸偏差表

| 序号 | 机械套筒类型 | 检测项目 | | 长度（L）允许偏差/mm |
| --- | --- | --- | --- | --- |
| | | 外径（D）允许偏差/mm | | |
| | | ≤50 | >50 | |
| 1 | 圆柱形直螺纹套筒 | ±0.5 | ±0.5 | ±1.0 |
| 2 | 锥螺纹套筒 | ±0.5 | ±0.8 | ±1.0 |
| 3 | 标准型挤压套筒 | ±0.5 | ±0.01D | ±2.0 |

3）套筒的标记应由名称代号、型式代号、主参数（钢筋强度级别）代号、主参数（钢筋公称直径）代号等四部分组成（图 3.3-1）。

4）机械套筒进厂时，每一检验批应抽取 3 个机械套筒并采用现场使用的钢筋制作单向拉伸接头试件进行抗拉强度检验，接头的抗拉强度不应小于连接钢筋的抗拉强度标准值的 1.1 倍。

5）套筒表面应有厂家代号和可溯源的生产批号。

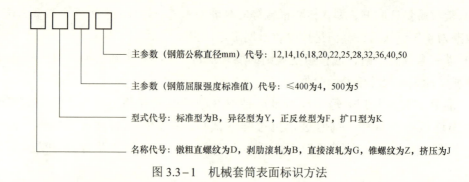

图 3.3-1　机械套筒表面标识方法

**4. 金属波纹管进厂验收**

（1）金属波纹管进厂验收组批规则。由同钢带厂同一批钢带生产的不超过 5000m 金属波纹管组成一个验收批。

（2）金属波纹管进厂验收内容。

1）验收质量证明书、型式检验报告等资料应与金属波纹管一致且在有效期内。型式检验报告有效期为 2 年，按金属波纹管进厂验收日期确定。

2）金属波纹管进厂时，外观应逐根全数验收，尺寸应按组批规则的要求从每检验批中随机抽取 3 根金属波纹管进行验收。圆形金属波纹管内径尺寸允许偏差范围为 ±0.5mm。

**5. 保温板进厂验收**

（1）保温板拉结件进厂验收组批规则。宜由同一厂家、同一材质、同一品种的不超过 1000 个（套）保温板拉结件组成一个验收批。

（2）保温板拉结件进厂验收内容。

1）验收质量证明书、型式检验报告等资料应与材料实一致且在有效期内。型式检验报告有效期为 2 年，按拉结件进厂验收日期确定。

2）拉结件须由专门资质的第三方厂家进行相关材料力学性能的检验，检验结果应合格。

**6. 预埋件进厂验收**

预埋件进厂验收组批规则：宜由同一家、同一材质、同一规格、同一品种的不超过 1000 个（套）预埋件组成一个验收批。用于结构受力的预埋件逐个验收，其余预埋件外观质量按 1% 频率进行验收，其他项目每个检验批随机抽取 3 个进行检验，所有检验结果应合格。

**7. 钢筋间隔件进厂验收**

（1）钢筋间隔件进厂验收组批规则。根据行业标准《混凝土结构用钢筋间隔件应用技术规程》（JGJ/T 219—2010）规定。

1）间隔件应做承载力抽样检查。

2）检查数量为同一类型的钢筋间隔件，每批检查数理宜为 0.1%，且不应少于

5 件。

3）检查钢筋间隔件的产品合格证和出厂检验报告。

（2）钢筋间隔件进厂验收内容。

1）验收合格证、质量证明书及有关实验报告等资料应与材料一致且在有效期内。

2）混凝土类间隔件的强度应比预制构件的混凝土强度等级高一个等级，且不应低于C30。

### 8. 水泥验收

（1）水泥的检验与验收。《装配式混凝土建筑技术标准》规定，水泥进厂检验应符合以下要求：

1）同一厂家、同一品种、同一代号、同一强度等级且连续进厂的硅酸盐水泥、袋装水泥不超过 200t 为一批，散装水泥不超过 500t 为一个检验批。

2）按批抽取试样进行水泥强度、安定性和凝结时间检验。

3）同一厂家、同一强度等级、同白度且连续进厂的白色硅酸盐水泥，不超过 50t 为一批；按批抽取试样进行水泥强度、安定性和凝结时间检验。

（2）水泥的保管。

1）袋装水泥要存放在库房里，应垫起离地约 30cm，堆放高度一般不超过 10 袋。

2）保管日期不能超过 90$d$，存放超过 90$d$ 的水泥要经重新检查外观、测定强度等指标，合格后方可按测定值调整配合比后使用。

### 9. 骨料验收

（1）砂子进场检验项目：筛分析、表观密度、吸水率、含水率、含泥量、泥块含量等。

（2）石子进场检验项目：筛分析、表观密度、含泥量、石粉含量、压碎指标值、针片状含量等。

（3）同一厂家（产地）且同一规格的骨料，不超过 400m$^3$ 或 600t 为一个验收批。一般以质量划分验收批。

（4）供货单位应提供骨料的产品合格证或质量检验报告。

### 10. 矿物掺合料验收

（1）矿物掺合料的检验与验收。

1）同一厂家、同一品种、同一技术指标的矿物掺合料，粉煤灰和粒化高炉矿渣粉不超过 200t 为一批，硅灰不超过 30t 为一批。

2）矿物掺合料进厂时，供货单位应提供质量检验报告或产品出厂合格证。

3）按批抽取试样进行细度（比表面积）、需水量比（流动度比）和烧失量（活性指数）试验。

（2）矿物掺合料的保管。矿物掺合料入库后应及时使用，一般存放期不宜超过 3 个月。袋装的矿物掺合料在存放期内应定期翻动，以免干结硬化。

**11. 减水剂验收**

依据《装配式混凝土建筑技术标准》（GB/T 51231—2016）9.2.8条，减水剂进厂检验应符合以下规定：

（1）同一厂家、同一品种的减水剂，掺量大于1%（含1%）的产品不超过100t为一批，掺量小于1%的产品不超过50t为一批。

（2）按批抽取试样进行减水率、$1d$抗压强度比、固体含量、含水率、pH值和密度试验。

**12. 水的相关规定**

依据《装配式混凝土建筑技术标准》（GB/T 51231—2016）规定，混凝土拌制及养护用水应符合《混凝土用水标准》（JGJ 63）的有关规定，并应符合下列规定：

（1）混凝土拌合用水按水源可分为饮用水、中水、地表水、地下水、海水以及经过处理并检验合格的工业废水。

（2）饮用水可拌制各种混凝土，采用饮用水时，可不检验。

（3）采用中水时，应对其成分进行检验，同一水源每年至少检验一次。

（4）地表水和地下水首次使用前，应进行检测。

（5）海水可用于拌制素混凝土，但不得用于拌制钢筋混凝土和预应力混凝土；有饰面要求的混凝土不得用海水拌制。

（6）工业废水须经过处理并检验合格方可用于拌制混凝土。

**13. 保温材料验收**

依据《装配式混凝土建筑技术标准》（GB/T 51231—2016）9.2.14条，保温材料进厂检验应符合以下规定：

（1）同一厂家、同一类别、同一规格，不超过5000m³为一批。

（2）按批抽取试样进行热导率、密度、压缩强度、吸水率和燃烧性能试验。

（3）保温材料按体积验收数量，计量单位为m³。

（4）进厂的保温材料要有合格证、检验报告等质量证明文件。

**14. 拉结件的验收**

依据《装配式混凝土建筑技术标准》（GB/T 51231—2016）9.2.16条，拉结件进厂检验应符合以下规定：

（1）同一厂家、同一类别、同一规格产品，不超过10 000件为一批。

（2）按批抽取试样进行外观尺寸、材料性能、力学性能检验。

**15. 脱模剂、缓凝剂和修补料的验收**

（1）应在规定期限内使用，超过使用期限应做试验检查，合格后方可使用。

（2）脱模剂应按照使用品种，选用前及进厂后每年进行一次匀质性和施工性能试验。

（3）进厂的脱模剂、缓凝剂、修补料要有产品合格证、检验报告等质量证明文件。

# 本节练习题及答案

1.（单选）脱模剂应按照使用品种，选用前及进厂后（　　）进行一次匀质性和施工性能试验。

A. 每半年　　　　　B. 每三个月　　　　　C. 每九个月　　　　　D. 每年

【答案】D

2.（单选）灌浆套筒进厂验收时，型式检验报告有效期为（　　），按灌浆套筒进厂验收日期确定。

A. 2 年　　　　　B. 3 年　　　　　C. 4 年　　　　　D. 5 年

【答案】C

3.（多选）下面有关材料进厂验收时的规定，说法正确的是（　　）。

A. 灌浆套筒进厂时，应按组批规则的要求从每一检验批中随机抽取 10 个灌浆套筒进行外观、标识、尺寸偏差的验收

B. 机械套筒进厂时，应按组批规则的要求从每一检验批中随机抽取 10% 数量的机械套筒进行外观、标识、尺寸偏差的验收

C. 金属波纹管进厂时，外观应逐根全数验收，尺寸应按组批规则的要求从每检验批中随机抽取 6 根金属波纹管进行验收。圆形金属波纹管内径尺寸允许偏差范围为 ±0.5mm

D. 混凝土类间隔件的强度应比预制构件的混凝土强度等级高一个等级，且不应低于 C30

【答案】ABD

4.（多选）对于预制构件混凝土搅拌用水，说法正确是（　　）。

A. 饮用水可拌制各种混凝土，采用饮用水时，可不检验

B. 采用中水时，应对其成分进行检验，同一水源每年至少检验一次

C. 地表水和地下水首次使用前，应进行检测

D. 海水不可用于拌制素混凝土，也不得用于拌制钢筋混凝土和预应力混凝土；有饰面要求的混凝土不得用海水拌制

【答案】ABC

# 3.4　预制构件工厂预埋件加工

## 3.4.1　预埋件分类

（1）用于装配式混凝土建筑预制构件中的预埋件有通用预埋件和专用预埋件两类。

（2）通用预埋件是专业厂家制作的标准或定型产品，包括内埋式螺母和内埋式吊钉等。

（3）专用预埋件是根据设计要求制作加工的预埋件，包括钢板（或型钢）预埋件、附带螺栓的钢板预埋件、焊接钢板预埋件、钢筋吊环、钢丝绳吊环、预埋螺栓等。

### 3.4.2 预埋件加工制作

**1. 钢板预埋件**

（1）预埋钢板和锚固钢筋组成的预埋件叫钢板预埋件，预埋钢板叫锚板，焊接在锚板上的锚固钢筋叫锚筋。

（2）预埋件锚板的边长允许误差为（0，−5mm），平整度允许偏差为1mm，锚筋长度允许偏差为（10，−5mm），锚筋间距允许偏差为±10mm。

**2. 附带螺栓的钢板预埋件**

附带螺栓的钢板预埋件有两种组合方式，一种是在锚板表面焊接螺栓，另一种是从钢板内穿出，在内侧与钢板焊接。

**3. 焊接钢板预埋件**

焊接钢板预埋件是由钢板按设计尺寸加工焊接而成，多用于预制外挂墙板上。

**4. 预埋件防腐处理**

露明的预埋件应进行防腐防锈处理，且应在焊接工序完成后进行。

**5. 预埋件锚固**

预埋件锚固有锚板锚固、钢筋弯折锚固、钢板焊接锚固、机械焊接锚固及穿筋锚固等几种方式。

# 本 节 练 习 题 及 答 案

（单选）露明的预埋件应进行防腐防锈处理，且应在（    ）进行。

A. 焊接工序完成后        B. 焊接工序开始前

C. 焊接工序进行中        D. 随时可以

【答案】A

## 3.5 钢筋骨架入模作业

### 3.5.1 钢筋骨架入模工艺流程

钢筋骨架入模工艺流程为：钢筋骨架绑扎→吊装入模、安装紧固件→钢筋部件定位→预埋件定位→伸出钢筋定位→封堵伸出钢筋孔→检查验收。

### 3.5.2 钢筋骨架入模操作规程

（1）钢筋骨架入模。

1）钢筋网和钢筋骨架在整体装运、吊装就位时，应采用多吊点起吊方式。

2）吊点应根据钢筋网和钢筋骨架的尺寸、重量及刚度而定，宽度大于 1m 的水平钢筋网宜采用四点起吊，跨度小于 6m 的钢筋骨架宜采用两点起吊，跨度大、刚度差的钢筋骨架宜采用横吊梁（铁扁担）四点起吊或吊架多点起吊。

（2）钢筋骨架入模定位。钢筋骨架入模后，应在四周插入与保护层厚度相同的木板进行定位，伸出钢筋采用专用工装进行固定。

（3）布置、安放钢筋间隔件。

1）常用的钢筋间隔件有塑料类间隔件、水泥基类间隔件、金属类间隔件，一般预制构件制作不宜采用金属类间隔件。

2）塑料类间隔件和水泥基类间隔件可以作为预制构件表层间隔件。

3）梁、柱、楼梯、墙等预制构件，宜采用水泥基类间隔件作为竖向间隔件。

4）立式模具制作预制构件的水平表层间隔件宜采用环形间隔件，竖向间隔件宜采用水泥基类间隔件。

5）预制构件生产布置和安放钢筋间隔件的方法如下：

① 板类预制构件的表层间隔件宜按阵列式放置在纵横钢筋的交叉点位置，一般两个方向的间距均不宜大于 0.5m。

② 墙板类预制构件的表层间隔件应采用阵列式放置在最外层受力钢筋处，水平与竖向安放间距不应大于 0.5m。

③ 梁类预制构件的竖向表层间隔件应放置在最下层受力钢筋下面，同一截面宽度内至少布置两个竖向表层间隔件，间距不宜大于 1.0m；梁类水平表层间隔件应放置在受力钢筋侧面，间距不宜大于 1.2m。

④ 柱类预制构件（卧式浇筑）的竖向表层间隔件应放置在纵向钢筋的外侧面，间距不宜大于 1.0m。

### 3.5.3 套筒、预埋件定位

紧贴模板表面的预埋件，一般采用在模板相应位置上开孔后用螺栓固定的办法；不在模板表面的，一般采用工装进行固定。

# 本节练习题及答案

1.（单选）梁类预制构件的竖向表层间隔件应放置在最下层受力钢筋下面，同一截面宽度内至少布置两个竖向表层间隔件，间距不宜大于（　　　）。

A. 0.8m　　　　　　　B. 1.0m　　　　　　　C. 1.2m　　　　　　　D. 1.5m

【答案】C

2.（多选）关于钢筋间隔件的放置，说法正确的是（　　　）。

A. 板类预制构件的表层间隔件宜按阵列式放置在纵横钢筋的交叉点位置，一般两个方向的间距均不宜大于 0.5m

B. 墙板类预制构件的表层间隔件应采用阵列式放置在最外层受力钢筋处，水平与竖向安放间距不应大于 0.5m

C. 梁类预制构件的竖向表层间隔件应放置在最下层受力钢筋下面，同一截面宽度内至少布置两个竖向表层间隔件，间距不宜大于 1.0m

D. 梁类水平表层间隔件应放置在受力钢筋侧面，间距不宜大于 1.5m

【答案】ABC

# 3.6　钢筋、套筒、预埋件等隐蔽工程验收

## 3.6.1　隐蔽工程验收程序

（1）隐蔽验收应建立影像和书面验收档案，应有监理在场参加验收。

（2）隐蔽工程自检合格→报检→专业质检验收 —合格→ 进入下道工序

　　　　↑　　　　　　　↓不合格

　　　不合格项整改

## 3.6.2　隐蔽工程验收内容

（1）钢筋验收内容。

1）品种、等级、规格、长度、数量及布筋间距。

2）钢筋的弯曲半径、弯曲角度、平直段长度。

3）每个钢筋交叉点均应绑扎，绑扣八字开，绑丝头应平贴钢筋或朝向钢筋骨架内侧。

4）拉钩、马凳或架起钢筋的间距和布置形式应符合设计要求。

5）钢筋骨架底面、侧面及上面的钢筋保护层厚度，保护层隔离垫块的布置形式、数量。

6）伸出钢筋的伸出位置、伸出长度、伸出方向，定位措施是否可靠、有效。

7）钢筋端头预制螺纹的，螺纹的螺距、长度、牙形，保护措施是否有效。

8）露出混凝土外部的钢筋上是否设置了遮盖物。

9）钢筋的连接方式、连接质量、接头数量和位置。

10）加强钢筋的布置形式、数量状态。

（2）灌浆套筒验收内容。

1）灌浆套筒种类、规格、尺寸。

2）灌浆套筒与模具固定位置和平整度。

3）半灌浆套筒与钢筋连接套丝的长度。

4）灌浆套筒端部封堵情况。

5）钢筋插入灌浆套筒的锚固长度是否符合要求。

6）灌浆孔和出浆孔是否有堵塞。

7）灌浆套筒的净距是否符合要求。

8）灌浆套筒处箍筋保护层厚度是否满足规范要求。

（3）浆锚搭接验收内容。

1）金属波纹管材质、规格、长度。

2）金属波纹管的表面质量，有无漏点和脱焊。

3）灌浆孔、出浆孔的开孔质量和孔销的安装情况。

4）金属波纹管内端插入钢筋的深度和端口的封闭情况。

5）金属波纹管外端在模板上的安装、固定情况。

（4）预埋件（预留孔洞）验收内容。

1）预埋件（预留孔洞）品种、型号、规格、数量，成排预埋件的间距。

2）预埋件有无明显变形、损坏，螺纹、丝扣有无损坏。

3）预埋件的空间位置、安装方向是否正确。

4）预留孔洞的位置、尺寸、垂直度、固定方式是否正确。

5）预埋件的安装形式，安装是否牢固、可靠。

6）垫片、龙眼等配件是否已安装。

7）预埋件上是否有油脂、锈蚀等附着物。

8）预埋件底部及预留孔洞周边的加强筋规格、长度，加强筋固定是否牢固可靠。

9）预埋件与钢筋、模具的连接是否牢固可靠。

10）橡胶圈、密封圈等是否安装到位。

# 本 节 练 习 题 及 答 案

1.（单选）隐蔽工程自检合格后，下一步的工作是（　　）。

A. 专业质检验收　　　　　　　　　B. 进入下道工序

C. 报检　　　　　　　　　　　　　D. 签发验收记录

【答案】C

2.（多选）预制构件生产过程中，混凝土浇筑前应进行隐蔽工程验收，验收内容有（　　）。

A. 钢筋工程　　　　　　　　　　　B. 灌浆套筒

C. 预埋件　　　　　　　　　　　　D. 模板工程

【答案】ABC

# 3.7　预制构件制作工艺流程

预制构件生产工艺流程包括固定模台生产工艺流程、流动模台生产工艺流程、自动化流水线生产工艺流程、预应力生产工艺流程、立模生产工艺流程等。

### 3.7.1 固定模台生产工艺流程

（1）固定模台生产工艺是指构件生产过程中，组模、放置钢筋与预埋件、浇筑混凝土、养护预制构件和拆模等工序都是在固定的模台上进行。模台不动，人与物流动。

（2）固定模台生产工艺具有适用范围广、通用性强、初始需要资金少、见效快等特点，可以制作各种标准化、非标准化、异形预制构件。

（3）固定模台预制构件生产工艺流程如图 3.7-1 所示。

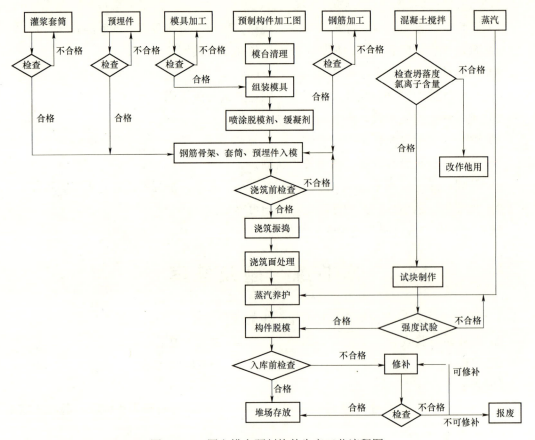

图 3.7-1 固定模台预制构件生产工艺流程图

### 3.7.2 流动模台工艺流程

（1）流动模台生产工艺是指将按标准定制的模台放置在轨道上，使其在各个工位之间流转。模台流动，人与物不流动。

（2）与固定模台生产工艺相比，流动模台生产工艺适用范围小，通用性低，一般用于制作非预应力叠合板、剪力墙板、标准化的装饰保温一体化板等构件。

（3）流动模台预制构件生产工艺流程如图 3.7－2 所示。

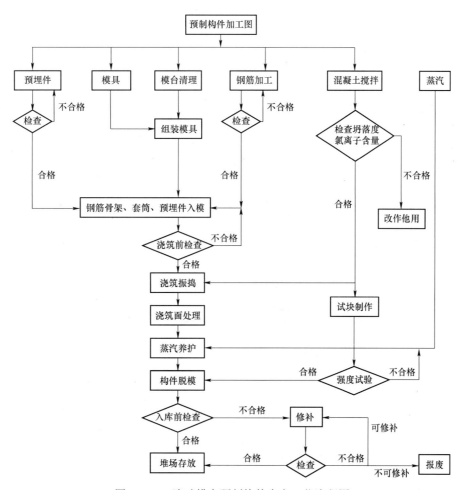

图 3.7－2 流动模台预制构件生产工艺流程图

### 3.7.3 自动化流水线工艺流程

（1）自动化流水线生产工艺包括全自动流水线生产工艺和半自动流水线生产工艺。

（2）全自动流水线包含全自动钢筋加工流水线设备和全自动混凝土成型流水线设备，半自动流水线不包含全自动钢筋加工流水线设备。

自动化流水线具有效率高、品质好、节约劳动力等优点，适用于不出筋的叠合楼板、双面剪力墙叠合板或不出筋且表面装饰不复杂的预制构件，以及需求量很大但是类型单一的预制构件。

（3）自动化流水线预制构件生产工艺流程如图 3.7－3 所示。

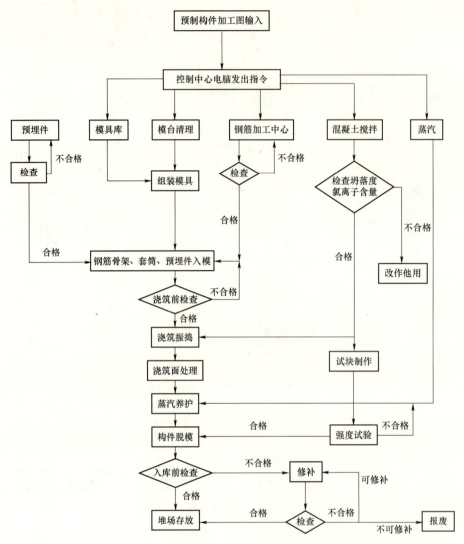

图 3.7-3　自动化流水线预制构件生产工艺流程

### 3.7.4　预应力生产工艺流程

（1）预应力生产工艺分为先张法预应力生产工艺和后张法预应力生产工艺两种。预制构件一般采用先张法预应力生产工艺，流程如图 3.7-4 所示。

（2）先张法预应力混凝土具有生产工艺简单、生产效率高、质量好控制、成本较低等优点。

（3）先张法预应力生产工艺适用于生产预应力叠合楼板、预应力空心楼板、预应力双T板及预应力梁等预制构件。

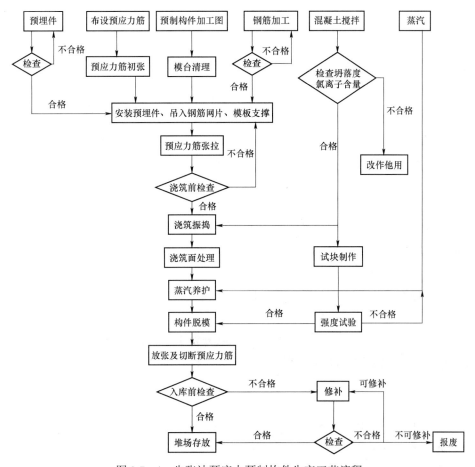

图 3.7－4　先张法预应力预制构件生产工艺流程

### 3.7.5　立模生产工艺流程

（1）立模工艺是预制构件用竖立的模具垂直浇筑成型的方法。立模工艺占地面积小、预制构件表面光洁、垂直脱模、不用翻转。

（2）立模分为独立立模和集合式立模两种。

（3）集合式立模是多个预制构件并列组合在一起制作的工艺，可以用来生产规格标准、形状规则、配筋简单的板式预制构件，如轻质混凝土空心墙板。

（4）立模生产工艺流程与固定模台生产工艺流程相似。

## 本 节 练 习 题 及 答 案

（简答）请列举预制构件生产工艺流程种类及其各自的特点。

【答案】（1）固定模台生产工艺流程：固定模台生产工艺具有适用范围广、通用性强、初始需要资金少、见效快等特点，可以制作各种标准化、非标准化、异形预制构件。

（2）流动模台生产工艺流程：与固定模台生产工艺相比，流动模台生产工艺适用范围小、通用性低，一般用于制作非预应力叠合板、剪力墙板、标准化的装饰保温一体化板等构件。

（3）自动化流水线生产工艺流程：自动化流水线具有效率高、品质好、节约劳动等优点，适用于不出筋的叠合楼板、双面剪力墙叠合板或不出筋且表面装饰不复杂的预制构件，以及需求量很大但是类型单一的预制构件。

（4）预应力生产工艺流程：先张法预应力混凝土具有生产工艺简单、生产效率高、质量好控制、成本较低等优点，适用于生产预应力叠合楼板、预应力空心楼板、预应力双 T 板及预应力梁等预制构件。

（5）立模生产工艺流程：立模工艺占地面积小、预制构件表面光洁、垂直脱模、不用翻转。集合式立模是多个预制构件并列组合在一起制作的工艺，可以用来生产规格标准、形状规则、配筋简单的板式预制构件。

# 3.8　预制构件制作设备与工具

预制构件生产厂主要设备按照使用功能可以分为生产线设备、辅助设备、起重设备、钢筋加工设备、混凝土搅拌设备、机修设备、其他设备等。

## 3.8.1　生产线设备

预制构件生产线设备主要包括模台、清扫喷涂机、画线机、送料机、布料机、振捣设备、拉毛机、养护窑等。

**1. 模台**

目前常用的模台有碳钢材质和不锈钢材质两种。通常采用 Q345 材质整板铺面，台面钢板厚度为 10mm，主要参数有：

（1）模台尺寸（长×宽×高）：9000mm×4000mm×310mm。

（2）平整度：表面不平整度在任意 3000mm 长度内为±1.5mm。

（3）模台承载力：≥6.5kN/m²。

**2. 清扫喷涂机**

清扫喷涂机采用除尘喷涂一体化设计制造，流量可控，喷嘴角度可调整，具备雾化功能，主要参数有：

（1）规格（长×宽×高）：4110mm×1950mm×3500mm。

（2）喷洒宽度：3500mm。

**3. 画线机**

画线机主要用于模台自动画线。将构件生产图纸输入电脑，采用数控系统，按照设计图纸进行模板安装位置及其预埋件安装位置定位画线。数控电脑具有 CAD 图形编程功能和线宽补偿功能，其主要参数为 9380mm×3880mm×300mm。

### 4. 送料机

送料机一般有效容积不少于 2.5m³；运行速度 0～30m/min，速度可以控制调整；外部采用振捣器辅助下料。

送料机运行时输送料斗与布料机位置进行互锁保护，在自动运转的情况下与布料机实现联动；可以实现手动、自动、遥控等操作方式；每个输送料斗均有防撞感应互锁装置，行走中有声光报警装置及静止时锁紧装置。

### 5. 布料机

布料机沿上横梁轨道行走，装载的拌合物以螺旋下料方式进行工作。其储料斗有效容积为 2.5m³，下料速度为 0～1.5m³/min（按不同坍落度要求）；在布料过程中，下料口的数量可以控制；与输送料斗、振动台、模台运行等可实现自动布料功能；具有安全互锁装置；纵、横向行走速度及下料速度频率可以控制调整，能够实现完全自动化布料功能。

### 6. 振动台

振动台与模台间采用液压锁紧；振捣时间不小于 30s，振捣频率可调；模台升降、锁紧、振捣、移动及布料机行走具有安全互锁功能。

### 7. 振捣设备

振捣机在上横梁轨道纵向行走。升降系统采用电液推杆，可在任意位置停止并自锁；大车行进速度为 0～30m/min，频率可调整控制；振捣力大小可调。

### 8. 拉毛机

拉毛机适用于叠合楼板的混凝土表面处理。可实现自动升降，锁定位置；拉毛机具有定位调整功能，通过调整可准确地下降到预设高度。

### 9. 养护窑

模台进入养护窑时其上表面应与窑顶内表面保持不小于 600mm 的有效高度，模台边缘与窑体侧面有效距离不小于 500mm。

养护窑开关门垂直升降应密封可靠，升降时间不小于 20s；温度自动检测，加热自动控制；开关门动作与模台行进的动作实现互锁保护；窑内温度均匀，温差小于或等于 3℃；设计最高温度不小于 60℃。

## 3.8.2　生产运转设备

预制混凝土构件生产转运设备主要有翻板机、平移车、堆码机等。

### 1. 翻板机

翻板机主要参数：负荷不小于 25t；翻板角度 800°～85°；翻板动作时间小于或等于 90s。

### 2. 平移车

平移车负载不小于 25t/台；平移车液压缸同步升降；两台平移车行进过程保持同步，伺服控制；模台状态、位置与平移车状态、位置互锁保护；平移车行走时，车头端部安装安全防护联锁装置。

**3. 堆码机**

堆码机在地面轨道上行走，模台升降采用卷扬式升降结构，开门行程不小于 1m；负荷不小于 30t；横向行走速度、提升速度均可调；可实现手动、自动化运行。

堆码机在行进、升降、开关门、进出门等动作时应具备完整的安全互锁功能；在设备运行时设有声光报警装置；节拍时间小于或等于 15min。

### 3.8.3 起重设备

预制构件工厂常用的起重设备有桥式起重机、梁式起重机和门式起重机等，一般厂房内宜选用桥式或梁式起重机，存放场地则多采用门式起重机。

### 3.8.4 吊索吊具

**1. 吊索**

钢丝绳：钢丝绳强度高、自重轻、工作平稳、不易骤然与整根折断，工作可靠，是预制构件吊装最常用的吊索，吊装中一般选用 $6 \times 24 + 1$ 或 $6 \times 37 + 1$ 两种构造的钢丝绳。

**2. 吊具**

吊具可分为点式吊具、梁式吊具、平面架式吊具、软带吊具和特殊吊具等。

（1）点式吊具。点式吊具是使用最多、用途最广的吊具，常用钢丝绳吊索和索具配套使用。使用时吊环或自制索具的螺栓应拧紧，吊索与预制构件平面的夹角不宜小于 60°且不得小于 45°。

（2）梁式吊具。梁式吊具多用于吊运细长类预制构件。

（3）平面架式吊具。各平面架式吊具多用于预制叠合板或面积较大的预制墙板的水平吊运，多点受力、各吊挂点自平衡，对预制构件损伤小。

（4）软带吊具。软带吊具多用于板式预制构件的翻转。

（5）特殊吊具。特殊吊具一般多用于异形预制构件的吊运，应根据预制构件的特点进行定制，通用性较差。

# 本 节 练 习 题 及 答 案

1.（单选）自动化桁架筋加工设备，可以加工弦筋尺寸范围为（　　）。

A. 4～8mm　　　　　B. 6～15mm　　　　　C. 8～12mm　　　　　D. 10～20mm

【答案】C

2.（单选）模台表面平整度要求 3m 内不超过（　　）。

A. 1mm　　　　　B. ±1.5mm　　　　　C. 3mm　　　　　D. 4mm

【答案】B

3.（多选）选择全自动钢筋网焊接机时应考虑的因素有（　　）。

A. 焊接钢筋的规格　　　　　　　　B. 可焊接钢筋网的幅宽

C. 工人的技能　　　　　　　　　　D. 焊接钢筋的长度

【答案】AB

# 3.9　预制构件模具组装

## 3.9.1　模台清理

（1）模台面的焊渣或焊疤，应使用角磨机上砂轮布磨片打磨平整。

（2）模台有灰尘、轻微锈蚀，应使用信纳水反复擦洗直至模台清洁。

（3）模台面有大面积的凹凸不平或深度锈蚀时，应使用大型抛光机进行打磨。

## 3.9.2　模具组装固定

### 1. 固定模台和流动模台模具组装

模具组装操作规程：

（1）依照图纸尺寸在模台上绘制出模具的边线。

（2）在已清洁的模具的拼装部位粘贴密封条防止漏浆。

（3）在模台与混凝土接触的表面均匀喷涂脱模剂，擦至面干。

（4）根据图样及模台上绘制出的模具边线定位模具。

（5）模具应按照顺序组装：一般平板类预制构件宜先组装外模，再组装内模；阳台、飘窗等宜先组装内模，再组装外模。

（6）异形预制构件或较高大的预制构件，应采用定位销和螺栓固定；叠合楼板或较薄的平板类预制构件既可采用螺栓加定位销固定，也可采用磁盒固定。

（7）钢筋骨架入模前，在模具相应的模板面上涂刷脱模剂或缓凝剂。

（8）对侧边留出箍筋的部位，应采用泡沫棒或专用卡片封堵留出筋伸出孔，防止漏浆。

（9）做好伸出钢筋的定位措施。

（10）依照图样检验模具，及时修正错误部位。

（11）自检无误后报质检员复检。

### 2. 自动流水线模具组装

自动流水线模具一般是机械手自动组装，多采用磁力固定方式，组模的基本流程如下：

（1）画线机在模台上画出组模标线。

（2）机械手从指定的模具存放位置夹取模具并放置在指定位置。

（3）自动将模具位置调整准确后，机械手打开模具上的磁力开关将模具固定在模台上。

（4）夹取下一个模具自动安装。

（5）按工艺流程将钢筋骨架、预埋件等按顺序逐个进行安装，直至模具的所有部件全部安装完成。

### 3.9.3　脱模剂涂刷

（1）脱模剂的作用是使预制构件易于脱模，并确保预制构件与模板的接触面光洁美观。

（2）脱模剂种类：用于混凝土预制构件的脱模剂通常包括水性脱模剂和油性脱模剂。油性脱模剂已逐渐淘汰，水性脱模剂为绿色产品，对钢筋无腐蚀作用，无毒无害。

（3）水性脱模剂使用前应加水稀释，调制比例参考产品说明书。

（4）已涂刷脱模剂的模具，应在规定时间内完成混凝土浇筑。

（5）脱模剂当天调制当天使用完毕。

（6）脱模剂涂刷未按要求施工产生的质量问题。

1）脱模剂涂刷不到位或涂刷后较长时间才浇筑混凝土，容易使构件表面因混凝土黏模而产生麻面。

2）脱模剂涂刷过量或局部过多，易造成预制构件混凝土表面产生麻面或局部疏松。

3）脱模剂不洁净或涂刷脱模剂的刷子、抹布不干净，容易造成预制构件混凝土表面色差。

### 3.9.4　缓凝剂涂刷

（1）模台表面涂刷缓凝剂是为了延缓混凝土强度的增长，以方便预制构件脱模后对需要做粗糙面的表面进行后期处理。

（2）缓凝剂涂刷操作方法简单，对混凝土没有伤害，节省了工作时间，除低了工作强度，无污染。

（3）涂刷缓凝剂前应对模台表面进行清理，确保模台表面干燥清洁。

（4）涂刷缓凝剂时，除了需要涂刷的部位外，缓凝剂不得污染到其他部位。

（5）已涂刷缓凝剂的模台，必须在规定的时间内完成混凝土浇筑。

（6）使用新品种、新工艺的缓凝剂时，需先进行可行性试验，达到最佳使用效果。

（7）缓凝剂涂刷未按要求施工产生的质量问题：

1）缓凝剂涂刷过理，高压水冲洗时易造成预制构件表层砂浆过度流失，骨料露出太深。

2）缓凝剂涂刷不足或涂刷后等待时间太长，造成预制构件表层砂浆难以冲掉，骨料露出太浅。

3）缓凝剂涂刷不均匀，导致预制构件表面骨料露出不均匀。

# 本 节 练 习 题 及 答 案

（简答）请列出因涂刷脱模剂未按要求施工而产生的质量问题。

【**答案**】（1）脱模剂涂刷不到位或涂刷后较长时间才浇筑混凝土，容易使构件表面因混凝土黏模而产生麻面。

（2）脱模剂涂刷过量或局部过多，易造成预制构件混凝土表面产生麻面或局部疏松。

（3）脱模剂不洁净或涂刷脱模剂的刷子、抹布不干净，容易造成预制构件混凝土表面色差。

# 3.10　预制构件钢筋、套筒、预埋件入模

## 3.10.1　钢筋、套筒、预埋件入模操作规程

### 1. 钢筋入模操作规程

（1）钢筋入模分为钢筋骨架整体入模和钢筋半成品模具内绑扎两种方式。当条件允许的情况下，应优先采用钢筋骨架整体入模方式。

（2）钢筋骨架整体入模操作规程。

1）钢筋骨架应绑扎牢固，防止吊运入模时骨架变形。

2）钢筋骨架吊运时，宜采用吊架多点吊运。

3）钢筋骨架吊运至模具上方 300～500mm 处时停住。

4）操作工人扶稳钢筋骨架，调整好方向，缓慢下放入模。

5）取出吊具，对钢筋骨架进行调整。

6）绑扎辅筋、加强筋。

（3）钢筋半成品模具内钢筋绑扎操作规程。

1）将钢筋半成品运送至作业工位。

2）在主筋或纵筋上测量并标记分布筋和箍筋位置。

3）根据预制构件配筋图，将半成品钢筋按顺序排布于模具内，确保钢筋位置正确。

4）作业工人按标记绑扎分布钢筋或箍筋。

5）单层网片宜先绑扎四周，再绑扎中间钢筋，绑中间钢筋时应在模具上搭设挑架；双层网片宜先绑扎底层钢筋，再绑扎面层钢筋。

6）面层网片应全部绑扎，底层网片四周两排全部绑扎，中间呈梅花状绑扎，但不得存在相邻两道未绑扎的现象。

7）钢丝绑扎头宜顺钢筋紧贴，双层网片钢筋头可朝向网片内侧。

### 2. 套筒入模操作流程

套筒可以随钢筋骨架整体入模，也可以单独入模安装。

（1）灌浆套筒随钢筋骨架整体入模操作规程。

1）套筒端部在模具端板上定位，套筒应与模具保持垂直。

2）伸入全灌浆套筒的钢筋，应插入至套筒中心挡片处。

3）钢筋与套筒之间的模胶圈应紧贴密封。

4）半灌浆套筒应先将连接钢筋与套筒螺纹端按要求拧紧后再绑扎钢筋骨架。

5）吊运钢筋骨架入模。

6）将套筒与模具进行连接安装。

（2）全灌浆套筒单独入模操作规程。

1）将套筒一端固定在端部模板上，套筒应与模板垂直。

2）穿入连接钢筋，套入需要安装的箍筋或其他钢筋，并调整钢筋的相对位置。

3）在钢筋穿入的一端套入橡胶圈，橡胶圈距钢筋端头的距离应大于套筒长度的1/2。

4）将钢筋端头插入套筒内，伸至套筒中心挡片处。

5）调整钢筋上的橡胶圈，使其紧扣在套筒与钢筋的空隙处，扣紧后橡胶圈应与套筒端面齐平。

6）将连接套筒的钢筋与模具内其他相关钢筋绑扎牢固。

7）套筒与钢筋连接的一端宜与箍筋绑扎牢固，防止套筒移位。

（3）预埋波纹管的操作要点。

1）应采用专用的定位工装对波纹管进行定位。

2）定位工装安装应牢固，不得移动或变形。

3）先安装定位工装、波纹管后再绑扎钢筋，避免绑扎钢筋后造成安装困难。

4）波纹管外端宜从模板定位孔穿出并固定牢固，内部进行有效固定，并做好密封措施，防止混凝土进入。

**3. 预埋件入模注意事项**

预埋件通常是指吊点、结构安装或安装辅助用的金属件等。较大的预埋件一般应先于钢筋骨架入模安装或与钢筋骨架同时入模安装，较小预埋件一般在最后安装。

（1）预埋件安装前应核对类型、位置、数量、规格等参数，不得错装或漏装。

（2）安装预埋件一般宜遵循先主后次、先大后小的原则。

（3）倒扣在模台上的预埋件应在模台上设置定位工装，安装在侧模上的预埋件应采用螺栓等固定在模板上，安装在构件浇筑面上的预埋件应采用定位工装固定安装。

（4）预埋件安装时应注意水平及垂直位置是否满足设计要求。

（5）带孔的预埋件，应在孔内穿入规格合适的加强筋，加强筋应在预埋件两侧露出不少于150mm，且加强筋在孔内不能移动。

## 3.10.2 钢筋间隔件作业要求

（1）间隔件的数量应根据配筋密度、主筋规格、设计要求等综合考虑，一般情况下每平方米范围内不得少于9个。

（2）在混凝土的下料位置，宜加密间隔件的布置；在钢筋骨架悬挑部位可适当减少间隔件的布置。

（3）损坏的间隔不能继续使用。

## 3.10.3 预埋件安装时发生冲突的处理

（1）预埋件与非主筋发生冲突时，一般适当调整钢筋的位置或对钢筋发生冲突的部位进行弯折，避开预埋件。

（2）预埋件与主筋发生冲突，可弯折主筋避让，或联系设计单位给出处理方案。

（3）当预埋件之间发生冲突时，应联系设计单位给出处理方案。

（4）当预埋件安装后造成相互之间或与钢筋之间间距过小，可能影响混凝土流动或包裹时，应联系设计单位给出处理方案。

# 本节练习题及答案

1.（多选）关于预埋件安装的说法，正确的是（　　　）。

A. 较大的预埋件一般应先于钢筋骨架入模安装或与钢筋骨架同时入模安装，较小预埋件一般在最后安装

B. 预埋件安装前应核对类型、位置、数量、规格等参数，不得错装或漏装

C. 安装预埋件一般宜遵循先次后主、先小后大的原则

D. 带孔的预埋件，应在孔内穿入规格合适的加强筋，加强筋应在预埋件两侧露出不少于 150mm，且加强筋在孔内不能移动

【答案】ABD

2.（简答）当安装预埋件时，与钢筋及其他预埋物发生冲突，该怎么解决？

【答案】（1）预埋件与非主筋发生冲突时，一般适当调整钢筋的位置或对钢筋发生冲突的部位进行弯折，避开预埋件。

（2）预埋件与主筋发生冲突，可弯折主筋避让，或联系设计单位给出处理方案。

（3）当预埋件之间发生冲突时，应联系设计单位给出处理方案。

（4）当预埋件安装后造成相互之间或与钢筋之间间距过小，可能影响混凝土流动或包裹时，应联系设计单位给出处理方案。

## 3.11　预制构件隐蔽工程验收

### 3.11.1　隐蔽工程验收内容

隐蔽工程验收主要包括饰面、钢筋、模具、预埋物、预埋件（预留孔洞）、套筒及金属波纹管等内容。

**1. 饰面验收内容**

（1）饰面材料品种、规格、颜色、尺寸、间距、拼缝。

（2）铺巾的方式、图案、平整度。

（3）是否有倾斜、翘曲、裂纹。

（4）需要背涂的饰面材料的背涂质量，带卡钩的饰面材料的卡钩安装质量。

**2. 钢筋验收内容**

（1）钢筋的品种、等级、规格、长度、数量、布筋间距。

（2）钢筋的弯曲直径、弯曲角度、平直段长度。

（3）钢筋绑扎情况。

（4）拉钩、马凳或架起钢筋的布置。

（5）钢筋保护层厚度，保护层垫块的布置形式及数量。

（6）伸出钢筋的伸出位置、伸出长度、伸出方向及固定措施。

（7）露出钢筋的保护措施。

（8）钢筋的连接方式、连接质量、接头位置和数量。

**3. 模具验收内容**

（1）模具组装后的外形尺寸及状态，垂直面的垂直度。

（2）组装模具的螺栓、定位销数量及安装状态。

（3）模具接合面的间隙及漏浆处理。

（4）模具内是否清理干净。

（5）脱模剂、缓凝剂的涂刷情况。

（6）模具是否有脱焊变形，与混凝土接触面是否有较明显的凹坑、凸起、锈斑等。

（7）模具作业面、装配面是否平整、整洁。

（8）工装是否有变形，安装是否牢固可靠。

（9）伸出钢筋孔洞的止浆措施是否有效可靠。

**4. 预埋物验收内容**

（1）预埋物的品种、型号、规格、数量。

（2）预埋物的空间位置、方向。

（3）预埋物的安装方式，安装是否牢固可靠。

（4）预埋物保护措施是否有效可靠。

（5）预埋物上的配套件是否齐全且处于有效状态。

（6）预埋物与模具、其他预埋物的连接是否牢固可靠。

（7）防止混凝土漏浆的措施是否有效可靠。

（8）是否有预埋物紧贴钢筋影响混凝土的握裹力。

**5. 预埋件（预留孔洞）验收内容**

（1）预理件的品种、规格、型号、数量，成排布置的间距。

（2）预埋件的表面质量。

（3）预埋件的安装位置、方向。

（4）预留孔洞的位置、尺寸、垂直度、固定方式。

（5）预埋件底部（预留孔洞周边）加强筋的规格、长度、固定方式。

（6）预埋件与钢筋、模具的连接。

**6. 灌浆套筒验收内容**

（1）套筒的品牌、型号、规格和中心线位置。

（2）套筒与钢筋的连接形式，半灌浆套筒螺纹接头外露螺纹的牙数及形状，全灌浆套筒钢筋伸入套筒的长度及端口的密封情况。

（3）套筒有固定方式、安装的牢固程度和密封性能。

（4）套筒灌浆孔和出灌孔的位置、灌浆导管的连接及通畅情况。

**7. 金属波纹管验收内容**

（1）波纹管安装要牢固可靠。

（2）波纹管的螺旋焊缝不得有开焊、裂纹等，管壁不得破损。

（3）波纹管内端口插入钢筋后，端口部位应密封良好。

（4）预埋波纹管段较长时，应在中部增设固定点。

### 3.11.2　隐蔽工程验收程序

隐蔽工程验收程序如图 3.11 - 1 所示。

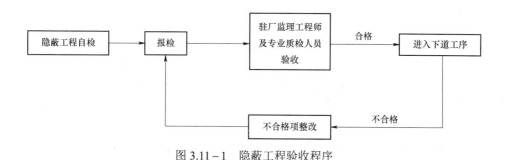

图 3.11 - 1　隐蔽工程验收程序

## 本 节 练 习 题 及 答 案

1.（简答）预制构件浇筑混凝土前，除应对饰面、钢筋、金属波纹管进行隐蔽工程验收外，还应对哪些内容进行验收？

【答案】① 模具。② 预埋物。③ 预埋件或预留孔洞。④ 套筒。

2.（简答）请列举隐蔽工程验收中模具验收的相关内容。

【答案】（1）模具组装后的外形尺寸及状态，垂直面的垂直度。

（2）组装模具的螺栓、定位销数量及安装状态。

（3）模具接合面的间隙及漏浆处理。

（4）模具内是否清理干净。

（5）脱模剂、缓凝剂的涂刷情况。

（6）模具是否有脱焊变形，与混凝土接触面是否有较明显的凹坑、凸起、锈斑等。

（7）模具作业面、装配面是否平整、整洁。

（8）工装是否有变形，安装是否牢固可靠。

（9）伸出钢筋孔洞的止浆措施是否有效可靠。

## 3.12 预制构件混凝土制作

### 3.12.1 混凝土试配

（1）混凝土试配要求：

1）配合比设计要满足混凝土配制强度及其他力学性能、拌合物性能、长期工作性能和耐久性的设计要求。

2）配合比设计应采用项目上实际使用的材料，细骨料含水率不应小于 0.5%，粗骨料含水率不应小于 0.2%。

3）矿物掺合料的含量应经试验确定。

（2）其他相关要求：

1）预制构件使用的混凝土不宜直接使用商品混凝土配合比，也不宜直接购买普通商品混凝土来生产预制构件。

2）预制构件混凝土坍落度控制应考虑配筋、灌浆套筒、预埋件等因素。

3）混凝土配合比设计时要考虑混凝土的保塑性，初凝时间要能满足构件制作工艺时间要求。

### 3.12.2 混凝土搅拌

（1）混凝土应按照实验室签发的配合比通知单进行生产。

（2）搅拌不同强度等级的混凝土，每个等级搅拌的第一盘混凝土要详细检查。

（3）避免余料浪费，一般先拌制强度等级较高的混凝土，再拌制强度等级低的混凝土。

（4）不同品牌、不同强度等级的水泥严禁混用，不同品种、不同性能的外加剂、矿物掺合料严禁混用。

（5）严禁擅自调整配合比。

（6）搅拌后时间间隔过长，开始初凝的混凝土严禁投入使用。

### 3.12.3 混凝土输送

（1）预制构件工厂常用的混凝土运送方式有三种：自动鱼雷罐输送、起重机加料斗输送、叉车加料斗输送。

（2）自动鱼雷罐用在搅拌站到预制构件生产线布料机之间的运输，运输效率高，适合连续浇筑混凝土作业。自动鱼雷罐运输距离不能过长，应控制在 150m 以内，且最好是直线运输。

### 3.12.4 混凝土浇筑

#### 1. 混凝土浇筑要点

（1）混凝土浇筑前应做好混凝土坍落度、温度、含气量等的检查，并且拍照存档。

（2）浇筑混凝土应均匀连续，从模具一端开始向另一端浇筑。

（3）混凝土倾落高度不宜超过 600mm。

（4）混凝土浇筑应连续进行，且应在混凝土初凝前全部完成。

（5）冬季混凝土入模温度不应低于 5℃。

（6）混凝土浇筑时应制作脱模强度试块、出厂强度试块和 28d 强度试块等。

（7）混凝土宜一次浇筑完成。

（8）当同一构件上有不同强度等级的混凝土时，应先浇筑强度等级高的，再浇筑强度等级低的混凝土。应防止强度等级低的混凝土流入强度等级高的混凝土中。

**2. 混凝土振捣要点**

（1）插入式振动棒振捣。

1）振动棒宜垂直于混凝土表面，快插慢拔均匀振捣；当混凝土表面无明显塌陷、不再冒气泡且有水泥浆出现时，应当结束振捣作业。

2）振动棒与模板的距离不应大于振动棒作用半径的一半；振捣点之间的距离不应大于振动棒作用半径的 1.4 倍。

3）分层浇筑时，振动棒的前端应插入前一层混凝土中，插入深度为 20～50mm。

4）钢筋密集部位或预埋件集中部位应选用小型的振动棒，加密振捣点，并适当延长振捣时间。

（2）附着式振捣器振捣。

1）附着式振捣器适用于叠合板、阳台板等薄壁型预制构件生产。

2）对于宽大型构件，当附着式振捣器振捣不到位时，应配合插入式振捣器进行振捣。

（3）平板振动器振捣。平板振动器适用于制作墙板时墙板内表面提浆、找平，或者局部辅助振捣。

（4）振动台自动振捣。流水线振动台可以使混凝土通过水平和垂直振动而达到密实。

（5）混凝土振捣注意事项。

1）混凝土宜采用机械振捣的方式成型。

2）振动过程中，应避免碰触钢筋、预埋件等。

3）振捣过程中，应随时检查模具有无漏浆、变形或预埋件移位。

4）对于有平面和立面的转角构件，应先浇筑振捣平面部位，再浇筑振捣立面部位。

**3. 混凝土浇筑表面处理**

（1）粗糙面处理。

1）预制构件模具面要做成粗糙面可采用预涂缓凝剂工艺，脱模后采用高压水冲洗。

2）预制构件浇筑面要做成粗糙面可在混凝土初凝前进行拉毛处理。

3）墙板内表面要做成粗糙面可在刮平表面时用木抹子拉毛。

（2）键槽。键槽是在模板上预设凹凸形状得以实现。

（3）抹角。预制构件的浇筑面边角需做成 135° 抹角的，可用内模成型或由人工抹成。

### 3.12.5 混凝土养护

#### 1. 蒸汽养护

蒸汽养护是预制构件生产最常用的养护方式。

蒸汽养护流程为：预养护→升温→恒温→降温。

（1）预养护。预养护是混凝土浇筑及表面处理完成至蒸汽养护开始前的时间，也称为"静停"，预养护的时间宜为 2～6h。

（2）升温。开启蒸汽，使养护窑或养护罩内的温度缓慢上升，升温阶段应控制升温速度不超过 20℃/h。

（3）恒温。恒温阶段的最高温度不应超过 70℃，夹芯保温板最高养护温度不宜超过 60℃，梁、柱等较厚的预制构件最高养护温度宜控制在 40℃ 以内。恒温时间应在 4h 以上。

（4）降温。降温阶段应控制降温速度不超过 20℃/h。预制构件出养护窑或撤掉养护罩时，其表面温度与环境温度差值不应超过 25℃。

升降温速度过快或养护温度偏高是预制构件表面产生裂缝的原因之一。

#### 2. 养护窑蒸汽养护

（1）养护窑蒸汽养护适用于流水线生产工艺。

（2）预制构件进入养护窑前，应先检查窑内温度，其温度与预制构件温度之差不宜超过 15℃ 且不高于预制构件蒸汽养护允许的最高温度。

（3）窑内养护温度一般来说冬季养护温度可以设置高一些，夏季可以设置得低一些。

（4）养护过程中，应有专人值班监控。

（5）当养护主程序完成后且环境温度与窑内温度之间的差值小于 25℃ 时，蒸汽养护结束。

（6）构件脱模时前，应确认预制构件是否达到脱模所需的强度要求。

#### 3. 养护罩蒸汽养护

没有自动温控设备的养护罩，应安排专人值守，宜每 30min 测量一次蒸汽养护温度。

#### 4. 自然养护

（1）当预制构件有足够的工期或者环境温度能满足养护要求，应优先采用自然养护方式。

（2）自然养护时，应在预制构件上盖上不透气的塑料或尼龙薄膜，且周边封口密实。

（3）如有必要，可以在构件同加盖比较厚实的帆布或其他保温材料，减少温度损失。

（4）养护过程中，应定时观察膜内湿度，必要时适当淋水。

（5）当预制构件达到脱模强度后方可去除构件上的覆盖物。

#### 5. 构件存放

（1）养护完成后的预制构件宜放置在阴凉、无日光直照的场所。

（2）当预制构件直接破网放在室外且无遮阳措施时，应自预制构件进入存放场地起 21 天内，对预制构件表面进行覆盖并定时淋水，确保构件表面湿度满足要求。

# 本节练习题及答案

1.（单选）预养护的时间一般为（　　）。

A. 1～3h　　　　　　B. 2～4h　　　　　　C. 1～5h　　　　　　D. 2～6h

【答案】D

2.（单选）预制构件浇筑混凝土时，混凝土的倾落高度不宜超过（　　）。

A. 500mm　　　　　B. 600mm　　　　　C. 400mm　　　　　D. 700mm

【答案】B

3.（多选）预制构件混凝土坍落度控制应考虑（　　）因素。

A. 配筋　　　　　　B. 灌浆套筒　　　　　C. 预埋件　　　　　D. 凝结时间

【答案】ABC

4.（多选）养护窑蒸汽养护过程中，对于温度的控制正确的是（　　）。

A. 升温阶段应控制升温速度不超过 20℃/h

B. 恒温阶段的最高温度不应超过 70℃

C. 降温阶段应控制降温速度不超过 20℃/h

D. 预制构件出养护窑或撤掉养护罩时，其表面温度与环境温度差值不应超过 20℃。

【答案】ABC

5.（多选）关于插入式振动棒振捣作业要求，说法正确的是（　　）。

A. 振动棒宜垂直于混凝土表面，快插慢拔均匀振捣；当混凝土表面无明显塌陷、不再冒气泡且有水泥浆出现时，应当结束振捣作业

B. 振动棒与模板的距离不应大于振动棒作用半径的一半；振捣点之间的距离不应大于振动棒作用半径的 1.4 倍

C. 分层浇筑时，振动棒的前端应插入前一层混凝土中，插入深度为 150mm

D. 钢筋密集部位或预埋件集中部位应选用小型的振动棒，加密振捣点，并适当延长振捣时间

【答案】ABD

# 3.13　预制构件脱模及质量检验

## 3.13.1　预制构件脱模流程

常规的预制构件脱模流程如下：

（1）拆模前，应做混凝土试块同条件抗压强度试验，试块抗压强度应满足设计要求且不宜小于15MPa，预制构件方可脱模。

（2）试验室根据试块检测结果出具脱模起吊通知单。

（3）生产部门收到脱模起吊通知单后安排脱模。

（4）拆除模具上部固定预埋件的工装。

（5）拆除安装在模具上的预埋件的固定螺栓。

（6）拆除边模、底模、内模等的固定螺栓。

（7）拆除内模。

（8）拆除边模。

（9）拆除其他部分的模具。

（10）将专用吊具安装到预制构件脱模埋件上，拧紧螺栓。

（11）用泡沫棒封堵预制构件表面所有预埋件孔，吹净预制构件表面的混凝土碎渣。

（12）将吊钩挂到安装好的吊具上，锁上保险。

（13）再次确认预制构件与所有模具间的连接已经拆除。

（14）确认起重机吊钩垂直于预制构件中心后，以最低起升速度平稳起吊预制构件，直至构件脱离模台。

### 3.13.2 楼板类、墙板类、梁柱桁架类预制构件质量检查

（1）楼板类预制构件外形尺寸允许偏差和检验方法见表 3.13－1。

表 3.13－1　　　　　　　　预制楼板类构件外形尺寸允许偏差及检验方法

| 检查项目 | | | 允许偏差/mm | 检验方法 |
|---|---|---|---|---|
| 规格尺寸 | 长度 | <12m | ±5 | 用尺量两端及中间端，取其中偏差绝对值较大者 |
| | | ≥12m 且<18m | ±10 | |
| | | ≥18m | ±20 | |
| | 宽度 | | ±5 | 用尺量两端及中间端，取其中偏差绝对值较大者 |
| | 厚度 | | ±5 | 用尺量板四角和四边中部位置共 8 处，取其中偏差绝对值较大者 |
| 对角线差 | | | 6 | 在构件表面，用尺量两对角线的长度，取其绝对值的差值 |
| 外形 | 表面平整度 | 内表面 | 4 | 用靠尺安放在构件表面上，用楔形尺量测靠尺与表面之间最大的缝隙 |
| | | 外表面 | 3 | |
| | 楼板侧向弯曲 | | $l/750$ 且≤20 | 拉线，用尺量最大弯曲处 |
| | 扭翘 | | $l/750$ | 四对角拉两条线，量测两线交点之间的距离，其值的 2 倍为扭翘值 |
| 预埋部件 | 预埋钢板 | 中心线位置偏差 | 5 | 用尺量纵横两个方向的中心线位置，取其中较大值 |
| | | 平面高差 | 0，－5 | 用尺紧靠在预埋件上，用楔形尺量测预埋件平面与混凝土面的最大缝隙 |
| | 预埋螺栓 | 中心线位置偏移 | 2 | 用尺量纵横两个方向的中心线位置，取其中较大值 |
| | | 外露长度 | +10，－5 | 用尺量 |
| | 预埋线盒、电盒 | 在构件平面的水平方向中心位置偏差 | 10 | 用尺量 |
| | | 与构件表面混凝土高差 | 0，－5 | 用尺量 |

续表

| | 检查项目 | 允许偏差/mm | 检验方法 |
|---|---|---|---|
| 预留孔 | 中心线位置偏移 | 5 | 用尺量纵横两个方向的中心线位置，取其中较大值 |
| | 孔尺寸 | ±5 | 用尺量纵横两个方向的尺寸，取其中较大值 |
| 预留洞 | 中心线位置偏移 | 5 | 用尺量纵横两个方向的中心线位置，取其中较大值 |
| | 洞口尺寸、深度 | ±5 | 用尺量纵横两个方向的尺寸，取其中较大值 |
| 预留插筋 | 中心线位置偏移 | 3 | 用尺量纵横两个方向的中心线位置，取其中较大值 |
| | 外露长度 | ±5 | 用尺量 |
| 吊环木砖 | 中心线位置偏移 | 10 | 用尺量纵横两个方向的中心线位置，取其中较大值 |
| | 留出高度 | 0，−10 | 用尺量 |
| 桁架钢筋高度 | | 5，0 | 用尺量 |

注：l 为构件长度，单位 mm。

（2）墙板类预制构件外形尺寸允许偏差和检验方法见表 3.13−2。

**表 3.13−2　　　　　　预制墙板类构件外形尺寸允许偏差及检验方法**

| | 检查项目 | | 允许偏差/mm | 检验方法 |
|---|---|---|---|---|
| 规格尺寸 | 高度 | | ±4 | 用尺量两端及中间端，取其中偏差绝对值较大者 |
| | 宽度 | | ±4 | 用尺量两端及中间端，取其中偏差绝对值较大者 |
| | 厚度 | | ±3 | 用尺量板四角和四边中部位置共 8 处，取其中偏差绝对值较大者 |
| 对角线差 | | | 5 | 在构件表面，用尺量两对角线的长度，取其绝对值的差值 |
| 外形 | 表面平整度 | 内表面 | 4 | 用靠尺安放在构件表面上，用楔形尺量测靠尺与表面之间最大的缝隙 |
| | | 外表面 | 3 | |
| | 楼板侧向弯曲 | | $l/1000$ 且 $\leq 20$ | 拉线，用尺量最大弯曲处 |
| | 扭翘 | | $l/1000$ | 四对角拉两条线，量测两线交点之间的距离，其值的 2 倍为扭翘值 |
| 预埋钢板 | 中心线位置偏移 | | 5 | 用尺量纵横两个方向的中心线位置，取其中较大值 |
| | 平面高差 | | 0，−5 | 用尺紧靠在预埋件上，用楔形尺量测预埋件平面与混凝土面的最大缝隙 |
| 预埋螺栓 | 中心线位置偏移 | | 2 | 用尺量纵横两个方向的中心线位置，取其中较大值 |
| | 外露长度 | | 10，−5 | 用尺量 |
| 预埋套筒、螺母 | 中心线位置偏移 | | 2 | 用尺量纵横两个方向的中心线位置，取其中较大值 |
| | 平面高差 | | 0，−5 | 用尺紧靠在预埋件上，用楔形尺量测预埋件平面与混凝土面的最大缝隙 |
| 预留孔 | 中心位置偏移 | | 5 | 用尺量纵横两个方向的中心线位置，取其中较大值 |
| | 孔尺寸 | | ±5 | 用尺量纵横两个方向的尺寸，取其中较大值 |
| 预留洞 | 中心位置偏移 | | 5 | 用尺量纵横两个方向的中心线位置，取其中较大值 |
| | 洞口尺寸、深度 | | ±5 | 用尺量纵横两个方向的尺寸，取其中较大值 |

| 检查项目 | | 允许偏差/mm | 检验方法 |
|---|---|---|---|
| 预留插筋 | 中心线位置偏移 | 3 | 用尺量纵横两个方向的中心线位置，取其中较大值 |
| | 外露长度 | ±5 | 用尺量 |
| 吊环、木砖 | 中心线位置偏移 | 10 | 用尺量纵横两个方向的中心线位置，取其中较大值 |
| | 与构件表面混凝土高差 | 0，−10 | 用尺量 |
| 键槽 | 中心线位置偏移 | 5 | 用尺量纵横两个方向的中心线位置，取其中较大值 |
| | 长度、宽度 | ±5 | 用尺量 |
| | 深度 | ±5 | 用尺量 |
| 灌浆套筒及连接钢筋 | 灌浆套筒中心线位置 | 2 | 用尺量纵横两个方向的中心线位置，取其中较大值 |
| | 连接钢筋中心线位置 | 2 | 用尺量纵横两个方向的中心线位置，取其中较大值 |
| | 连接钢筋外露长度 | 10，0 | 用尺量 |

注：$l$ 为构件长度，单位 mm。

（3）梁柱桁架类预制构件外形尺寸允许偏差和检验方法见表 3.13 − 3。

表 3.13 − 3　　　　　　　预制梁柱桁架类构件外形尺寸允许偏差及检验方法

| 检查项目 | | | 允许偏差/mm | 检验方法 |
|---|---|---|---|---|
| 规格尺寸 | 长度 | ＜12m | ±5 | 用尺量两端及中间端，取其中偏差绝对值较大者 |
| | | ≥12m 且＜18m | ±10 | |
| | | ≥18m | ±20 | |
| | 宽度 | | ±5 | 用尺量两端及中间端，取其中偏差绝对值较大者 |
| | 厚度 | | ±5 | 用尺量板四角和四边中部位置共 8 处，取其中偏差绝对值较大者 |
| 外形 | 表面平整度 | | 4 | 用靠尺安放在构件表面上，用楔形尺量测靠尺与表面之间最大的缝隙 |
| | 侧向弯曲 | 梁柱 | $l/750$ 且≤20 | 拉线，用尺量最大弯曲处 |
| | | 桁架 | $l/1000$ 且≤20 | |
| 预埋钢板 | 中心线位置偏差 | | 5 | 用尺量纵横两个方向的中心线位置，取其中较大值 |
| | 平面高差 | | 0，−5 | 用尺紧靠在预埋件上，用楔形尺量测预埋件平面与混凝土面的最大缝隙 |
| 预埋螺栓 | 中心线位置偏移 | | 2 | 用尺量纵横两个方向的中心线位置，取其中较大值 |
| | 外露长度 | | +10，−5 | 用尺量 |
| 预留孔 | 中心线位置偏移 | | 5 | 用尺量纵横两个方向的中心线位置，取其中较大值 |
| | 孔尺寸 | | ±5 | 用尺量纵横两个方向的尺寸，取其中较大值 |
| 预留洞 | 中心线位置偏移 | | 5 | 用尺量纵横两个方向的中心线位置，取其中较大值 |
| | 洞口尺寸、深度 | | ±5 | 用尺量纵横两个方向的尺寸，取其中较大值 |

续表

| 检查项目 | | 允许偏差/mm | 检验方法 |
|---|---|---|---|
| 预留插筋 | 中心线位置偏移 | 3 | 用尺量纵横两个方向的中心线位置，取其中较大值 |
| | 外露长度 | ±5 | 用尺量 |
| 吊环 | 中心线位置偏移 | 10 | 用尺量纵横两个方向的中心线位置，取其中较大值 |
| | 留出高度 | 0，-10 | 用尺量 |
| 键槽 | 中心线位置偏移 | 5 | 用尺量纵横两个方向的中心线位置，取其中较大值 |
| | 长度、宽度 | ±5 | 用尺量 |
| | 深度 | ±5 | 用尺量 |
| 灌浆套筒及连接钢筋 | 灌浆套筒中心线位置 | 2 | 用尺量纵横两个方向的中心线位置，取其中较大值 |
| | 连接钢筋中心线位置 | 2 | 用尺量纵横两个方向的中心线位置，取其中较大值 |
| | 连接钢筋外露长度 | 10，0 | 用尺量 |

注：$l$ 为构件长度，单位 mm。

（4）检查数量：按照进场检验批，同一规格（品种）的预制构件每次抽检数量不应少于该规格（品种）数量的 5% 且不少于 3 件。

### 3.13.3　装饰类预制构件质量检查

（1）装饰类预制构件的装饰外观尺寸允许偏差及检验方法见表 3.13-4。

表 3.13-4　　　　　　　　装饰构件外观尺寸允许偏差及检验方法

| 装饰种类 | 检查项目 | 允许偏差/mm | 检验方法 |
|---|---|---|---|
| 通用 | 表面平整度 | 2 | 用靠尺或塞尺量测 |
| 石材、面砖 | 阳角方正 | 2 | 用托线反板检查 |
| | 上口平直 | 2 | 拉通线用钢尺检查 |
| | 接缝平直 | 3 | 用钢尺或塞尺检查 |
| | 接缝深度 | ±5 | 用钢尺或塞尺检查 |
| | 接缝宽度 | ±2 | 用钢尺检查 |

（2）检查数量：按照进场检验批，同一规格（品种）的预制构件每次抽检数量不应少于该规格（品种）数量的 10% 且不少于 5 件。

### 3.13.4　预制构件外观检查

（1）预制构件外观不应有严重缺陷，且不应有影响结构性能和安装、使用功能的尺寸偏差。

（2）预制构件严重缺陷检查为主控项目，用目测、尺量方式进行全数检查，并做好检查记录。

（3）预制构件外观检查重点。

1）表面检查重点。

① 表面是否有蜂窝、孔洞、夹渣、疏松。

② 表面装饰层质感是否完好。

③ 表面是否有裂缝。

④ 表面是否有破损。

⑤ 粗糙面、键槽是否符合设计要求。

2）尺寸检查重点。

① 伸出钢筋是否偏位。

② 套筒是否偏位或不垂直。

③ 预留孔洞是否偏位，孔道是否歪斜。

④ 预埋件是否偏位。

⑤ 防雷引下线焊接位置是否正确，是否偏位。

⑥ 外观尺寸是否符合要求。

⑦ 平整度是否符合要求。

# 本节练习题及答案

1.（单选）装饰类预制构件按照进场检验批，同一规格（品种）的预制构件每次抽检数量不应少于该规格（品种）数量的（    ）。

A. 10%且不少于 5 件     B. 5%且不少于 5 件

C. 10%且不少于 10 件    D. 5%且不少于 10 件

【答案】A

2.（单选）拆模前，应做混凝土试块同条件抗压强度试验，试块抗压强度应满足设计要求且不宜小于（    ），预制构件方可脱模。

A. 15MPa   B. 12MPa   C. 10MPa   D. 8MPa

【答案】A

3.（多选）下列选项中，属于墙板类预制构件键槽质量检查项目的是（    ）。

A. 中心线位置偏移     B. 长度、宽度

C. 深度        D. 外形尺寸

【答案】ABC

## 3.14 预制构件修补、存放与运输

### 3.14.1 预制构件修补

**1. 修补料**

（1）选择修补料的原则。

1）修补料的强度应比待修补预制构件的混凝土提高一个强度等级。

2）选用具有无收缩性或微膨胀性的修补料。

3）选用能满足养护要求的修补料。

（2）修补料原料。

1）灰水泥（生产用水泥）。

2）白水泥（52.5 级）。

3）黄砂（用 1.18mm 筛子筛去粗颗粒，使用细颗粒部分）。

4）修补乳胶液。

5）无收缩灌浆料或微膨胀剂。

6）环氧树脂等。

（3）修补料配合比要根据实际使用的原料经试验确定。

**2. 普通预制构件修补**

（1）孔洞修补。

1）将需修补部位不密实混凝土及突出骨料凿除并清理干净，洞口上部向外上斜，下部方正水平。

2）将基层清理干净，并使修补位周边混凝土充分湿润。

3）用水泥净浆涂刷孔洞周边，然后用无收缩灌浆料填补并分层充分捣实，表面找平压光。

4）如一次性修补不能满足要求，第一次修补可低于构件表面 3～5mm，待修补部位强度达到 5MPa 以上，再用修补料进行表面修补。

（2）缺角修补。

1）将缺角处已松动的混凝土凿除并用水清理干净。

2）用修补料将缺角填补好。

3）如缺角的厚度超过 40mm 时，要加植钢筋，并分两次或多次修补。

（3）麻面修补。

1）用毛刷蘸稀草酸溶液将麻面处脱模剂油点或污点洗净。

2）配备修补水泥砂浆，水泥品种必须与构件原混凝土一致，砂为细砂，最大粒径不大于 1mm。

3）修补前用水湿润表面，按刮腻子的方法，将水泥砂浆压入麻面处。

4）待表面干燥后用砂纸打磨。

5）修补完成后，及时覆盖，保湿养护。

（4）气泡修补。气泡是指混凝土表面不超过 4mm 的圆形或椭圆形的孔穴，深度一般不超过 5mm，内壁光滑。

1）将气泡表面的水泥浆凿除，使气泡全部露出，并用水将气泡冲洗干净。

2）用修补料将气泡填满抹平。

3）较大的气泡宜分两次修补。

（5）蜂窝修补。蜂窝是指预制构件上不密实混凝土范围或深度超过 4mm。小蜂窝可按麻面处理。大蜂窝按如下方法处理：

1）将蜂窝处及周边软弱部分混凝土凿除，并形成凹凸相差 5mm 以上的粗糙面。

2）用水将结合面清洗干净。

3）用修补料修补，水泥品种必须与原混凝土一致，砂子宜采用中砂。

4）待表面干燥后用砂纸打磨。

5）修补完成后，及时覆盖保湿养护。

（6）色差修补。对于油脂引起的假分层现象，用砂纸打磨后即可；对其他原因造成的混凝土分层，如果不影响结构使用，一般不做处理，需处理时，用灰白色水泥调制的接近混凝土颜色的浆液粉刷即可。当有软弱夹层影响混凝土结构的整体性时，按施工缝作处理。

1）如夹层较小，缝隙不大，可先将杂物清除，夹层面凿成 V 字形后用水清洗干净，在潮湿无积水的情况下，用水泥砂浆填塞密实。

2）如夹层较大，将该部位混凝土及夹层凿除，视其性质按蜂窝或孔洞修补方法进行处理。

（7）错台修补。

1）将错台高出部分、胀模突出部分凿除并清理干净，露出石子，新凿面比预制构件原表面略低，稍微凹陷成弧形。

2）用水将新凿面冲洗干净并充分湿润，涂上水泥净浆，再用干硬性水泥砂浆自下而上刮压在结合面上，反复刮压并抹平。修补用水泥品种应与原混凝土一致，砂宜用中粗砂，如有必要，掺合白水泥，使之与原混凝土颜色一致。抹光后表面覆盖塑料薄膜养护。

（8）黑白斑修补。

1）黑斑用细砂纸打磨即可。

2）白斑一般不做处理，当白斑处混凝土松散时，可按麻面修补方法进行处理。

（9）空鼓修补。

1）在预制构件"空鼓"处控出小坑槽，用混凝土填实，直至饱满、无空鼓声为止。

2）如预制构件空鼓严重，可在构件上钻孔，按二次灌浆法浆混凝土压入。

（10）边角不平修补。边角处不平整或线条不直的，用角磨机打磨修正，凹陷处用修补料补平。

**3. 修补后养护**

修补部位表面凝结后要洒水养护并苫盖，要防止风吹、暴晒。修补后的养护有以下几种方式：

（1）修补面积较大，修补完成后要对预制构件进行整体苫盖。

（2）局部修补的，要在修补处用塑料布进行苫盖。

（3）修补处涂抹养护剂进行养护。

（4）修补较小的部位，也可用胶带粘贴在修补处进行保水养护。

## 3.14.2 预制构件裂缝处理

### 1. 裂缝出现的原因

导致预制构件出现裂缝的常见原因有以下几种：

（1）在生产过程中操作不当，如保护层设置不当，蒸汽养护升温、降温过快及脱模、吊运不当等。

（2）存放不当，如支垫方式、支垫位置不正确等。

（3）材料问题，如原材料不合格、混凝土用水量过大等。

（4）外部环境问题，如预制构件出养护窑或撤掉养护罩时，表面温度与环境温度温差过大等。

**2. 裂缝的修补方法**

预制构件出现裂缝后，应会同驻厂监理一同对裂缝情况进行分析判断，确定是否可以修补，如需修补应制订修补方案。修补前，必须对裂缝处混凝土表面进行预处理，除去基层表面上的浮灰、水泥浮浆、反霜、油渍和污垢等，并用水冲洗干净；对于表面上的凸起、疙瘩以及起壳、分层等疏松部位，应将其铲除，并用水冲洗干净，干燥后按处理方案进行修补。

（1）收缩裂缝修补。

1）对于细微的收缩裂缝可向裂缝注入水泥净浆，填实后覆盖养护；或对裂缝加以清洗，干燥后涂刷两遍环氧树脂净浆进行表面封闭。

2）对于较深的收缩裂缝，应用环氧树脂净浆注浆后表面再加刷建筑胶黏剂进行封闭。

（2）龟裂修补。首先要清洗预制构件表面，不能有灰尘残留，再用海绵涂抹水泥腻子进行修补，凝结后再用细砂纸打磨光滑。

（3）不贯通裂缝修补。首先要在裂缝处凿出 V 形槽，并将 V 形槽清理干净，做到无灰尘，用比预制构件强度高一等级的水泥砂浆或混凝土进行修补，修补后要把残余修补料清理干净。待修补处强度达到 5MPa 以上后再用水泥腻子进行表面处理。

（4）贯通裂缝修补。首先要将裂缝处整体凿开，清理干净，做到无灰尘，用无收缩灌浆料或水泥砂浆进行修补，也可在裂缝处用环氧树脂进行修补，环氧树脂要用注浆设备来操作，注射完成后再用水泥腻子进行表面修补。

## 3.14.3　预制构件存放

**1. 叠合楼板存放方式及要求**

（1）叠合楼板宜平放，叠放层数不宜超过 6 层。

（2）叠合楼板一般存放时间不宜超过 2 个月，当需要长期（超过 3 个月）存放时，存放期间应定期监测叠合楼板的翘曲变形情况，发现问题及时采取纠正措施。

（3）叠合楼板存放要保持平稳，底部应放置垫木或混凝土垫块，垫木或垫块应能承受上部所有荷载而不致损坏，垫木或垫块厚度应高于吊环或支点。

（4）叠合楼板叠放时，各层支点在纵横方向上均应在同一垂直线上（图 3.14-1），支点位置设置应符合下列原则：

1）设计给出了支点位置或吊点位置的，应以设计给出的位置为准。若以此位置因某些原因不能设为支点时，宜在以此位置为中心不超过叠合楼板长宽各 1/20 半径范围内寻找合适的支点位置（图 3.14-2）。

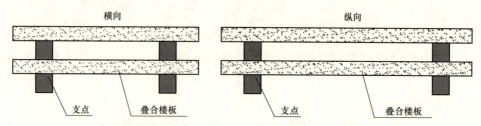

图 3.14-1 叠合楼板各层支点在纵横方向上均应在同一垂直线上的示意图

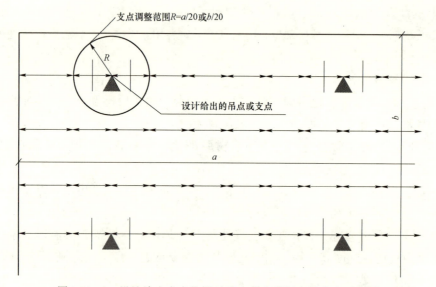

图 3.14-2 设计给出支点位置时确定叠合楼板存放支点示意图

2）设计未给出支点或吊点位置的，宜在叠合楼板长度和宽度方向 1/4～1/5 的位置设置支点。形状不规则的叠合楼板，其支点位置应经计算确定（图 3.14-3）。

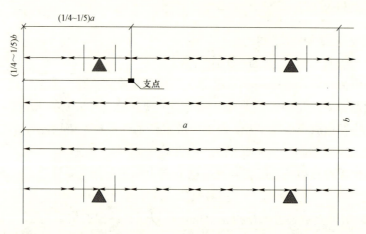

图 3.14-3 设计未给出支点位置时确定叠合楼板存放支点示意图

3）当采用多个支点存放时，支点设置如图 3.14 - 4 所示。

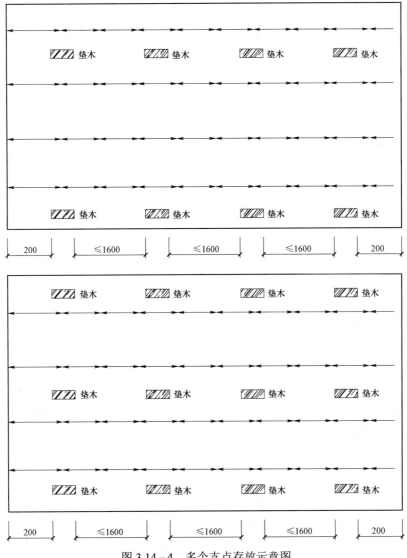

图 3.14 - 4　多个支点存放示意图

同时应确保全部支点的上表面在同一平面上（图 3.14 - 5），一定要避免边缘支垫低于中间支垫，导致形成过长的悬臂，形成较大的负弯矩产生裂缝；且应保证各支点的固实，不得出现压缩或沉陷等现象。

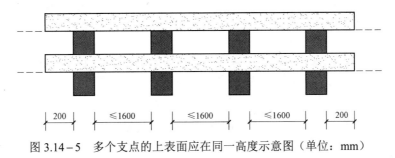

图 3.14 - 5　多个支点的上表面应在同一高度示意图（单位：mm）

（5）当存放场地地面的平整度无法保证时，最底层叠合楼板下面禁止使用木条通长整垫，避免因中间高两端低导致叠合楼板断裂。

（6）叠合楼板上不得放置重物或施加外部荷载，如果长时间这样做将造成叠合楼板的明显翘曲。

（7）因场地等原因，叠合楼板必须叠放超过6层时需要注意：

1）要进行结构复核计算。

2）防止应力集中，导致叠合楼板局部细微裂缝，存放时未必能发现，在使用时会出现，造成安全隐患。

**2. 楼梯存放方式及要求**

（1）楼梯宜平放，叠放层数不宜超过4层，应按同项目、同规格、同型号分别叠放。

（2）应合理设置垫块位置，确保楼梯存放稳定，支点与吊点位置须一致。

（3）起吊时防止碰撞。

（4）楼梯采用侧立存放方式时应做好防护，防止倾倒，存放层高不宜超过2层。

**3. 内外剪力墙板、外挂墙板存放方式及要求**

（1）对侧向刚度差、重心较高、支承面较窄的预制构件，如内外剪力墙板、外挂墙板等预制构件宜采用插放或靠放的存放方式。

（2）当采用靠放架立放预制构件时，应对称靠放和吊运，预制构件与地而倾斜角度宜大于80°，预制构件上部宜用木块隔开，靠放架的高度应为预制构件高度的2/3以上，有饰面的墙板采用靠放架立放时饰面需朝外。

（3）预制构件采用立式存放时，薄弱预制构件、预制构件的薄弱部位和门窗洞口应采取防止变形开裂的临时加固措施。

**4. 梁、柱存放方式及要求**

（1）梁和柱宜平放，具备叠放条件的，叠放层数不宜超过3层。

（2）宜用枕木（方木）作为支撑垫木，垫木应设置在吊点下方（单层存放）或吊点下方的外侧（多层存放）。

（3）两条枕木之间的间距不小于叠放高度的1/2。

（4）各层枕木（或方木）的相对位置应在同一条垂直线上。

（5）叠合梁最合理的存放方式是两点支撑，不建议多点支撑。当不得不采用多点支撑时，应先以两点支撑就位放置稳妥后，再在梁底需要增设支点的位置放置垫块并撑实或在垫块上用木楔塞紧。

## 3.14.4　预制构件运输

预制构件的运输宜选用低底盘平板车（13m长）或低底盘加长平板车（17.5m长）。
预制构件运输方式有水平运输和立式运输两种方式。

**1. 立式运输方式**

（1）对于内、外墙板等竖向预制构件多采用立式运输方式。

（2）立式运输方式的优点是装卸方便、装车速度快、运输时安全性较好；缺点是在限高路段无法通行。

**2. 水平运输方式**

（1）水平运输方式是将预制构件单层平放或叠层平放在运输车上进行运输。

（2）叠合楼板、阳台板、楼梯及梁、柱等预制构件通常采用水平运输方式。

（3）构件运输时，梁、柱等预制构件叠放层数不宜超过 3 层；预制楼梯叠放层数不宜超过 4 层；叠合楼板等板类预制构件叠放层数不宜超过 6 层。

（4）水平运输方式的优点是装车后重心较低、运输安全性好、一次能运输较多的预制构件；缺点是对运输车底板平整度及装车时支垫位置、支垫方式以及装车后的封车固定等要求较高。

# 本节练习题及答案

1.（单选）梁、柱存放时宜平放，具备叠放条件的，叠放层数不宜超过（　　）层。

A. 2　　　　　　　　B. 3　　　　　　　　C. 4　　　　　　　　D. 5

【答案】B

2.（多选）关于预制构件水平运输方式的说法，正确的是（　　）。

A. 水平运输方式是将预制构件单层平放或叠层平放在运输车上进行运输

B. 叠合楼板、阳台板、楼梯及梁、柱、内外墙板等预制构件通常采用水平运输方式

C. 构件运输时，梁、柱等预制构件叠放层数不宜超过 3 层；预制楼梯叠放层数不宜超过 4 层；叠合楼板等预制构件叠放层数不宜超过 6 层

D. 水平运输方式的优点是可以运输重心较低、运输安全性好、一次能运输较多的预制构件；缺点是对运输车底板平整度及装车时支垫位置、支垫方式以及装车后的封车固定等要求较高

【答案】ACD

3.（简答）当预制构件出现麻面时，应该怎样进行修补？

【答案】（1）用毛刷蘸稀草酸溶液将麻面处脱模剂油点或污点洗净。

（2）配备修补水泥砂浆，水泥品种必须与构件原混凝土一致，砂为细砂，最大粒径不大于 1mm。

（3）修补前用水湿润表面，按刮腻子的方法，将水泥砂浆压入麻面处。

（4）待表面干燥后用砂纸打磨。

（5）修补完成后，及时覆盖，保湿养护。

4.（简答）当预制构件出现收缩性裂缝时，应该怎样进行修补？

【答案】（1）对于细微的收缩裂缝可向裂缝注入水泥净浆，填实后覆盖养护；或对裂缝加以清洗，干燥后涂刷两遍环氧树脂净浆进行表面封闭。

（2）对于较深的收缩裂缝，应用环氧树脂净浆注浆后表面再加刷建筑胶黏剂进行封闭。

# 第4章  装配式建筑装配管理

## 4.1  预制构件安装的规定

预制构件的安装应符合装配式混凝土建筑相关标准规定。

**1.《装配式混凝土建筑技术标准》（GB/T 51231—2016）的相关规定**

（1）装配式混凝土建筑施工前，宜选择有代表性的预制构件进行试安装，并根据试安装结果及时调整施工工艺，完善施工方案。

（2）安装施工前，应进行测量放线，设置构件安装定位标识。

（3）安装施工前，应核对已完成结构、基础的外观质量和尺寸偏差，确认混凝土强度和预留预埋符合设计要求，并应核对预制构件的混凝土强度及预制构件和配件的型号、规格、数量等符合设计要求。

（4）吊装时严格按照计划编号顺序起吊，吊索水平夹角不宜小于 60°，且不应小于45°。宜设置缆风绳控制构件转动，吊运过程中宜采用慢起、稳升、缓放的操作方式，严禁构件长时间悬停在空中。

（5）预制构件吊装就位后，应及时校准并采取临时固定措施。预制墙板、柱等竖向构件应对安装位置、安装标高、垂直度进行校核与调整，叠合构件、预制梁等水平构件应对安装位置、安装标高、平修度、高低差、拼缝尺寸进行校核与调整。

（6）预制构件与吊具的分离应在校准定位及临时支撑安装完成后进行。

（7）竖向预制构件的临时支撑不宜少于 2 道，构件上部斜支撑的支撑点距离底板的距离不宜小于构件高度的 2/3，且不应小于构件的 1/2，斜支撑应与构件可靠连接，构件安装就位后可通过临时支撑对构件的位置和垂直度进行微调。

（8）水平预制构件安装采用临时支撑时，竖向连续支撑层数不宜少于 2 层且上下层支撑宜对准，叠合板预制底板下部支架宜选用定型独立钢支柱。

（9）预制柱宜按照角柱、边柱、中柱顺序进行安装，与现浇部分连接的柱宜先行吊装。预制柱的就位以轴线和外轮廓线为控制线，采用灌浆套筒连接的预制柱调整就位后，柱脚连接部位宜采用不低于柱强度的砂浆并配合模板进行封堵。

（10）预制剪力墙板安装宜先吊装与现浇部分连接的墙板，然后按先外墙后内墙的顺序。墙板以轴线和轮廓线为控制线，外墙应以轴线和外轮廓线双控制。

（11）预制梁或叠合梁安装，宜遵循先主梁后次梁、先低后高的顺序原则。

（12）叠合板预制底板吊装完成后应对底板接缝高差进行校核，临时支撑应在后浇混凝土强度达到设计强度后方可拆除。

（13）采用钢筋套筒连接、钢筋浆锚搭接连接的预制构件施工，应检查被连接钢筋的规格、数量、位置和长度。连接钢筋偏离套筒或孔洞中心线不宜超过 3mm。

（14）装配式混凝土结构的后浇混凝土部位在浇筑前应按标准进行隐蔽工程验收。

（15）构件连接部位后浇混凝土及灌浆料的强度达到设计要求后，方可拆除临时支撑系统。

（16）施工作业使用的专用吊具、吊索、定型工具式支撑、支架等，应进行安全验算，使用中进行定期、不定期检查，确保其处于安全状态。

（17）预制构件起吊后，应先将预制构件提升 300mm 左右后，停稳构件，检查钢丝绳、吊具和预制构件状态，确认吊具安全且构件平稳后，方可缓慢提升构件；吊运预制构件时，构件下方严禁站人，应待预制构件降落至距地面 1m 以内方准作业人员靠近，就位固定后方可脱钩；遇到雨、雪、雾天气，或者风力大于 5 级时，不得进行吊装作业。

（18）夹芯保温外墙板后浇混凝土连接节点区域的钢筋连接施工时，不得采用焊接连接。

**2.《混凝土结构工程施工质量验收规范》（GB 5024—2015）的相关规定**

（1）装配式结构连接节点及叠合构件浇筑混凝土之前，应进行隐蔽工程验收。隐蔽工程验收应包括混凝土粗糙面的质量、键槽的尺寸、数量；钢筋的牌号、规格、数量、位置、间距，箍筋弯钩的弯折角度及平直段长度；钢筋的连接方式、接头位置、接头数量、接头面积百分率、搭接长度、锚固方式及锚固长度；预埋件、预留管线的规格、数量、位置。

（2）预制构件进场时，梁板类简支受弯预制构件进场时应进行结构性能检验。对其他预制构件，除设计有专门要求外，进场时可不做结构性能检验。对进场时不做结构性能检验的预制构件，施工单位或监理单位代表应驻厂监督制作过程，当无驻厂监督时，预制构件进场时应对预制构件主要受力钢筋数量、规格、间距及混凝土强度等进行实体检验。

（3）预制构件的外观质量不应有严重缺陷，且不应响结构性能和安装、使用功能的尺寸偏差。

**3.《工程测量标准》（GB 50026—2020）的相关规定**

（1）施工项目宜先建立场区控制网，再分别建立建筑物施工控制网；小规模或精度高的独立施工项目可直接布设建筑物施工控制网。

（2）场区控制网应利用勘察阶段已有平面和高程控制网。原有平面控制网的边长应归算到场区的主施工高程面上，并应进行复测检查。精度满足施工要求时，可作为场区控制网使用，精度不满足要求时，应重新建立场区控制网。

（3）新建立场区控制网应符合下列规定：

1）平面控制网宜布设为自由网。

2）平面控制网的观测数据不宜进行高斯投影改化，观测边长宜归算到测区的主施工高程面上。

3）自由网可利用原控制网中的点组进行定位，小规模场区控制网也可选用原控制网中一个点的坐标和一条边的方位进行定位。

4）控制网的平面坐标和高程系统宜与规划设计阶段保持一致。

（4）建筑物施工控制网应根据场区控制网进行定位、定向和计算，控制网的坐标轴应与工程设计所采用的主副轴线一致,建筑物的±0高程面应根据场区水准点测设。

（5）控制网点应根据设计总平面图和施工总布置图布设,并应满足建筑物施上测设的需要。

**4.《钢筋焊接及验收规程》（JGJ 18—2012）的相关规定**

（1）钢筋焊接接头或焊接制品应按检验批进行质量验收。

（2）外观质量检查结果,当一小项不合格数超过抽检数的15%时,应对该批焊接接头该小项逐个检查复验,检出不合格接头。对外观质量检查不合格接头采取修整或补焊措施后,可提交二次验收。

（3）预埋钢筋T形接头拉伸试验结果,应从每一检验批接头随机切取三个接头进行试验,3个试件均断于钢筋母材,呈延性断裂,其抗拉强度大于或等于钢筋母材抗拉强度标准值,或2个试件断于钢筋母材,呈延性断裂,其抗拉强度大于或等于钢筋母材抗拉强度标准值,另一试件断于焊缝,呈脆性断裂,其抗拉强度大于或等于钢筋母材抗拉强度标准值的1.0倍。应评定该检验批接头拉伸试验合格。

**5.《钢筋机械连接技术规程》（JGJ 107—2016）的相关规定**

（1）钢筋机械连接接头工艺检验应针对不同钢筋生产厂家的钢筋进行,施工过程中更换钢筋生产厂家或接头技术提供单位时,应补充进行工艺检验。

（2）接头现场抽检项目应包括极限抗拉强度试验、加工和安装质量检验。

（3）对封闭环形钢筋接头、不锈钢钢筋接头、装配式结构构件间的钢筋接头和有疲劳性能要求的接头,可见证取样,在已加工并检验合格的钢筋螺纹头成品中随机割取钢筋试件,按本规程要求与随机抽取的进场套筒组成3个接头试件做极限抗拉强度试验,按设计要求的接头等级评定。

（4）设计要求对接头疲劳性能进行现场检验的工程,可按设计提供的钢筋应力幅和最大应力,或按本规程要求进行疲劳性能验证性检验,并应选取工程中大、中、小三种直径钢筋各组装3根接头试件进行疲劳试验。

（5）现场截取抽样试件后,原接头位置的钢筋可采用同等规格的钢筋进行绑扎搭接连接、焊接或机械连接方法补接。

**6.《钢筋套筒灌浆连接应用技术规程》（JGJ 355—2015）的相关规定**

（1）预制梁和既有结构改造现浇部分的水平钢筋采用套筒灌浆连接时,连接钢筋的外表面应标记插入灌浆套筒最小锚固长度的标志。预制梁的水平连接钢筋轴线偏差不应大于5mm。

（2）对于首次施工的工程,宜选择有代表性的单元或部位进行试制作、试安装、试灌浆。

# 本节练习题及答案

1.（单选）竖向预制构件的临时支撑不宜少于（    ）道。

A. 1                B. 2                C. 3                D. 4

【答案】B

2．（多选）对于预制构件安装规定，下列说法正确的是（　　）。

A．吊装时严格按照计划编号顺序起吊，吊索水平夹角不宜小于 60°，且不应小于 45°。

B．预制墙板、柱等竖向构件应对安装位置、安装标高、垂直度进行校核与调整

C．预制构件与吊具的分离应在校准定位及临时支撑安装完成前进行

D．预制梁或叠合梁安装，宜遵循先主梁后次梁、先低后高的顺序原则

【答案】ABD

# 4.2　预制构件吊装设备与工器具

## 4.2.1　塔式起重机

### 1. 塔式起重机的类型

塔式起重机分为塔式平臂起重机、塔式动臂起重机、附着自升塔式起重机、内爬塔式起重机、轨道式塔式起重机。

相比平臂起重机，动臂起重机可以实现大起重量、大起升高度、大起升速度。

高层建筑与多层建筑施工一般选择塔式起重机。选择塔式起重机必须考虑安拆方便。

### 2. 塔式起重机的选择及布置要求

（1）塔式起重机的选择。

1）起重重量。

起重重量＝（预制构件重量＋吊具重量＋吊索重量）×1.5（安全系数）

2）起重幅度。起重幅度是指以起重机中心点为半径，从中心点到最远起吊点外的距离。

起重幅度和起重重量参数如图 4.2－1 所示。

3）起重能力。应满足最大幅度预制构件的起吊重量，同时必须满足最大幅度范围以内各种预制构件的起吊重量。

4）起重高度。塔式起重机应计算塔机独立高度与附着高度时吊起的预制构件能平行通过建筑外架最高点或预制构件安装最高点以上 2m 处；计算高度时必须将吊索、吊具、预制构件的高度总和加上安全距离合并考虑。

5）塔式起重机的附着。当塔式起重机附着在现浇部分的结构上时，应考虑现浇结构达到强度时间与吊装进度之间的时间差。

6）起升速度。起升速度决定了装配式建筑的安装效率，在选择起重设备时，要考虑在满足安全性的前提下尽可能地选择起升速度快的起重设备。

7）控制精度。起重机的起重量越大，精准性和稳定性越好。动臂的精度和稳定性比平臂要好很多。

8）塔式起重机的型号选择。根据吊装的预制构件重量来确定塔式起重机的规格型号，见表 4.2－1。

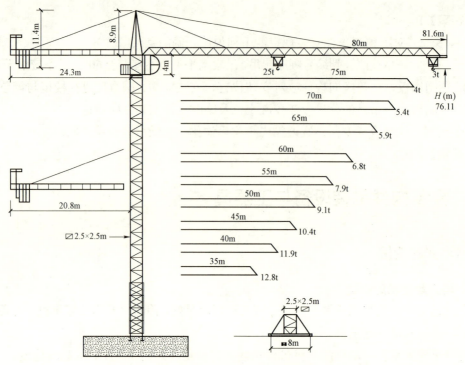

图 4.2－1　塔式起重机起重幅度与起重机重量参数图

**表 4.2－1**　　　　　　塔式起重机吊装能力对预制构件重量限制表

| 型号 | 可吊预制构件重量 | 可吊预制构件范围 | 备注 |
|---|---|---|---|
| QTZ80（5613） | 1.3～8t（max） | 柱、梁、剪力墙内墙、夹芯剪力墙板（长度 3m 以内）、外挂墙板、叠合板、阳台板、楼梯、遮阳板 | 可吊重量与吊臂工作幅度有关，8t 工作幅度是在 3m 处；1.3t 工作幅度是在 56m 处 |
| QTZ315（S315K16） | 3.2～16t（max） | 双层柱、夹芯剪力墙板（长度 3～6m）、较大的外挂墙板、特殊的柱、梁、双莲藕梁、十字莲藕梁 | 可吊重量与吊臂工作幅度有关，16t 工作幅度是在 3.1m 处；3.2t 工作幅度是在 70m 处 |
| QTZ560（S560K25） | 7.25～25t（max） | 夹芯剪力墙板（6m 以上）、超大预制板、双 T 板 | 可吊重量与吊臂工作幅度有关，25t 工作幅度是在 3.9m 处；9.5t 工作幅度是在 60m 处 |

（2）塔式起重机布置原则。

1）覆盖所有吊装作业面；塔式起重机幅度范围内所有预制构件的重量符合起重机起重重量。

2）设置在建筑旁侧；当条件不允许时，可以选择核心筒结构位置（图 4.2－2）。

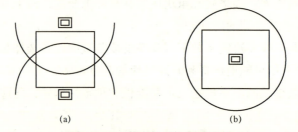

图 4.2－2　塔式起重机位置选择

（a）建筑物侧边布置 2 台塔式起重机；（b）建筑物中心布置 1 台塔式起重机

3）塔式起重机不能覆盖裙房时，可选用轮式起重机吊装裙房预制构件（图 4.2 – 3）。

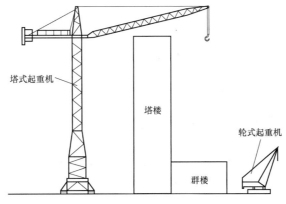

图 4.2 – 3　裙楼选择汽车吊示意图

4）尽可能覆盖临时存放场地。

5）方便搭设和拆除，满足安全要求。

6）可以附着在主体结构上。

7）尽量避免塔式起重机交叉作业。

### 4.2.2　吊装工器具

**1. 柱子用吊具**

预制柱吊装吊具分为点式吊具、梁式吊具和特殊吊具。

（1）点式吊具。点式吊具是用单根吊索或多根吊索起吊同一构件的吊具。

柱子在装卸、移位、水平吊装、起吊翻转、垂直起吊安装时，均可使用点式吊具。

（2）梁式吊具。梁式吊具也叫一字形吊具或平衡梁式吊具，它是利用合适的型钢制作且带有多个吊点的专用吊具，具有通用性强、安全可靠等特点。大截面的预制柱宜采用梁式吊具吊装。

（3）特殊吊具。特殊吊具是指为特殊形状（如异形、长细比大于 30、柱重心偏离、柱端不具备预埋吊点等）的预制柱量身定做的专用吊具。

**2. 墙板用吊具**

（1）预制墙板的安装应根据其重量大小、平面形状（一字形或 L 形）、重心位置等，可相应地选用点式吊具、梁式吊具和平面架式吊具。

（2）L 形板的吊装，常采用平面架式吊具，以保证所吊墙板的平衡及稳定性。

**3. 梁用吊具**

（1）预制梁根据重量及形状等的不同，吊装时可采用点式吊具或梁式吊具。

（2）一般重量不超过 3t，设计为 2 个吊点的梁，可采用点式吊具。

（3）3t 以上的梁或 3 个以上吊点的梁，宜采用梁式吊具进行吊装。

**4. 叠合楼板用吊具**

预制叠合楼板的特点是面积较大，厚度较薄，应采用多点吊装，可采用平面架式吊具或梁式吊具。

**5. 楼梯用吊具**

预制楼梯吊具可采用点式吊具或平面架吊具。

**6. 吊索**

（1）钢丝绳。

1）钢丝绳中钢丝越细越不耐磨，但比较柔软，弹性较好；反之，钢丝越粗越耐磨，但是比较硬，不易弯曲。吊装中一般选用 6×24+1 或 6×37+1 两种构造的钢丝绳。

2）钢丝绳的强度等级分为 1570N/mm²、1670N/mm²、1771N/mm²、1870N/mm²、1960N/mm²、2160N/mm² 等级别。计算钢丝绳理论断裂拉力时，用相应级别系数乘以钢丝绳有效截面积（有效截面积指钢丝的累积面积）。其中 1670N/mm² 为预制构件吊装中常用的一种。

3）钢丝绳允许工作荷载等于断裂拉力除以安全系数，一般来说安全系数不小于5。

（2）链条吊索。链条吊索在使用过程中，通过目测或使用设备检查发现有链环焊接裂开或其他有害缺陷，链环直径磨损减少10%左右，链条外部长度增加3%左右，表面扭曲、严重锈蚀及积垢等，必须予以更换。

## 4.2.3 配套材料

**1. 调整标高用螺栓或垫片**

预制构件安装时标高调整可利用螺栓调整和垫片调整。

（1）调整标高用螺栓。预制构件标高调整常用 P 型螺母（图4.2−4）。

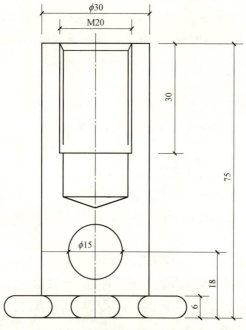

图 4.2−4 常用调整标高预埋螺母

（2）调整标高用垫片。钢垫片应选用 Q235 钢板材料，规格为 50mm×50mm。塑料垫片应选用强度高、弹性小的聚丙烯工程塑料加工。

**2. 牵引绳**

牵引绳可选择尼龙、涤纶、丙纶以及迪尼玛等材质，不得选用棉、麻、钢丝等材质的绳索作牵引绳。牵引绳不得有搭接头，如有断股、断裂、缩径等现象，应予以更换。

**3. 安装节点连接件**

（1）安装节点连接件分为通用型节点连接件和专用定制型节点连接件两种。除设计有要求外，节点连接件一般采用 Q235 碳素结构钢，螺栓连接件采用 A 级或 B 级，焊接件采用 C 级或 D 级。

（2）通用型安装节点连接件。

1）七字码。七字码也称 L 型角码，一般用于预制墙体与水平构件之间的临时或永久性连接等。

2）一字码。一字码用于墙与墙水平连接或柱与柱之间的垂直连接等。

**4. 竖向支撑系统**

（1）独立支撑系统的结构。

1）独立支撑全称为独立可调钢支撑，是由套管、插管、支撑头、配套三角支架组成。

2）套管由底座、钢管、调节螺管、调节螺母组成。

3）插管由带销孔的钢管和插销组成。

4）支撑头有平板形顶托和 U 形支托两种。

（2）独立支撑系统的特点。

1）通用性强，能够适应不同层高预制构件的支撑。

2）强度高，套管及配件采用 Q235 级碳素钢制作。

3）可多次重复使用，损耗率低。

4）支撑搭设和拆除方便，缩短工期，降低成本。

（3）独立支撑系统使用时注意事项。

1）使用高度超过 3.5m 时，需用扣件与钢管配合加固，并应加密布置。

2）钢支撑应垂直安装，不准偏心受压。

3）使用中如发现套管或插管变形、紧固件松动脱扣、锈蚀严重等现象，应予以更换。

**5. 斜支撑系统**

（1）柱、墙等竖向预制构件或需侧向加固的梁等水平预制构件，均可采用可调节斜支撑进行固定。

（2）斜支撑按其构造主要有伸缩调节式和螺旋调节式两种形式。

（3）伸缩调节式斜支撑的优点是调节幅度大，可达 1.5m 以上，通用性强；缺点是调节误差相对较大。

（4）螺旋调节式斜支撑的优点是固定后精度高，误差小，调节方便；缺点是与伸缩调节式相比，调节范围小，一般在 0.4m 左右，通用性差。

# 本节练习题及答案

1.（多选）相比平臂起重机，动臂起重机有（ ）的优点。

A. 大起重量　　　　B. 大起升高度　　　　C. 大起升速度　　　　D. 起重幅度大

【答案】ABC

2.（单选）钢丝绳计算允许工作荷载时，一般来说安全系数不小于（ ）。

A. 4　　　　　　　B. 5　　　　　　　C. 6　　　　　　　D. 3

【答案】B

3.（多选）预制柱常用的吊具是（ ）。

A. 点式吊具　　　B. 平面架式吊具　　　C. 梁式吊具　　　D. 特殊吊具

【答案】ACD

4.（多选）预制构件安装时标高调整可利用（ ）。

A. 螺栓调整　　　B. 垫片调整　　　C. 木楔调整　　　D. 混凝土垫块调整

【答案】AB

5.（多选）关于斜支撑的说法正确的是（ ）。

A. 伸缩调节式斜支撑的优点是调节幅度大，可达1.5m以上，通用性强

B. 螺旋调节式斜支撑的缺点是调节误差相对较大

C. 螺旋调节式斜支撑的优点是固定后精度高，误差小，调节方便

D. 伸缩调节式斜支撑调节范围小，一般在0.4m左右，通用性差

【答案】AC

6.（简答）施工现场布置塔式起重机时，除应该考虑起重重量、起重高度、起升速度外，还应考虑塔式起重机的哪些参数？

【答案】起重幅度；起重能力；塔式起重机的附着；控制精度；塔式起重机的型号。

## 4.3　预制构件进场检查

### 4.3.1　预制构件进场检查项目

**1. 预制构件进场检查项目及标准（表4.3-1）。**

表4.3-1　　　　　　　　　　预制构件进场检查项目及标准

| 序号 | 检查项目 | | 检查标准 |
|------|----------|--------------|----------|
| 1 | 资料交付 | 出厂合格证 | 齐全 |
| | | 混凝土强度检验报告 | |
| | | 钢筋套筒检验报告 | |
| | | 合同要求的其他证明文件 | |

续表

| 序号 | 检查项目 | | 检查标准 |
|---|---|---|---|
| 2 | 装卸、运输过程中对构件的损坏 | 掉角 | 不应出现 |
| | | 裂缝 | |
| | | 装饰层损坏 | |
| | | 外露钢筋被弯折 | |
| 3 | 影响直接安装的环节 | 套筒、预埋件规格、数量、位置 | 参照 GB/T 51231—2016 验收方法 |
| | | 套筒或浆锚孔内是否干净 | |
| | | 外露连接钢筋规格、位置、数量 | |
| | | 配件是否齐全 | |
| | | 构件几何尺寸 | |
| 4 | 表面观感 | 见外观质量缺陷表 | 不应有缺陷 |

**2. 预制构件外观质量缺陷分类（表 4.3 – 2）。**

表 4.3 – 2　　　　　　　　　　　构件外观质量缺陷分类

| 名称 | 现象 | 严重缺陷 | 一般缺陷 |
|---|---|---|---|
| 露筋 | 钢筋未被混凝土包裹而外露 | 纵向受力钢筋有露筋 | 其他钢筋有少量露筋 |
| 蜂窝 | 混凝土表面缺少水泥砂浆而形成石子外露 | 主要受力部位有蜂窝 | 其他部位有少量蜂窝 |
| 孔洞 | 混凝土中孔穴深度和长度均超过保护层厚度 | 主要受力部位有孔洞 | 其他部位有少量孔洞 |
| 夹渣 | 混凝土夹有杂物且深度超过保护层厚度 | 主要受力部位有夹渣 | 其他部位有少量夹渣 |
| 疏松 | 混凝土中局部不密实 | 主要受力部位有疏松 | 其他部位有少量疏松 |
| 裂缝 | 缝隙从混凝土表面延伸至混凝土内部 | 主要受力部位有影响结构性能或使用功能的裂缝 | 其他部位有少量不影响结构 |
| 连接部位缺陷 | 连接部位混凝土缺陷及连接钢筋、连接件松动；钢筋严重锈蚀、弯曲；灌浆套筒堵塞、偏移；灌浆孔堵塞、偏位、破损 | 连接部位有影响结构传力性能的缺陷 | 连接部位有基本不影响结构传力性能的缺陷 |
| 外形缺陷 | 缺棱掉角、棱角不直、翘曲不平、飞出凸肋；装饰面砖黏结不牢、表面不平、砖缝不顺直 | 清水混凝土表面或具有装饰功能的预制构件有影响使用功能或装饰效果的外形缺陷 | 其他预制构件有不影响使用功能的外形缺陷 |
| 外表缺陷 | 表面出现麻面、掉皮、起砂、污染 | 具有重要装饰效果的清水混凝土构件外表有缺陷 | 其他预制构件有不影响使用功能的外表缺陷 |

## 4.3.2　预制构件进场验收方法

### 1. 外观质量检验

（1）外观严重缺陷检验。

1）预制构件外观严重缺陷检验是主控项目，须通过观察、尺量的方式进行全数检查。

2）预制构件不应有严重缺陷，且不应有影响结构性能和安装、使用功能的尺寸偏差。

3）严重缺陷见表4.3-2中相关内容。

（2）外观一般性缺陷检查。

1）外观一般性缺陷属一般检验项目，应全数检验。

2）一般性缺陷见表4.3-2。

3）一般缺陷项目应当由预制构件工厂处理后重新检验。

（3）预留插筋、埋置套筒、预埋件等检验。

1）预制构件外伸钢筋、套筒、浆锚孔、钢筋预留孔、预埋件、预埋避雷带、预埋管线等属主控项目，须全数进行检查。

2）外伸钢筋须检查：钢筋类型、直径、数量、位置、外伸长度是否符合设计要求。

3）套筒和浆锚孔须检查：数量、型号、位置、套筒或浆锚孔内是否有异物及型式检验报告。

4）钢筋预留孔须检查：位置、数量、规格型号。

5）预埋件须检查：位置、数量、规格型号。

6）预埋接闪带须检查：位置、数量、规格型号。

7）预埋管线须检查：位置、数量、规格型号。

（4）尺寸偏差检查。相关检验项目见生产管理知识要点中相关表格。

**2. 梁板类简支受弯预制构件结构性能检验**

（1）钢筋混凝土构件和允许出现裂缝的预应力混凝土构件应进行承载力、挠度和裂缝宽度的检验；不允许出现裂缝的预应力混凝土构件应进行承载力、挠度和抗裂检验。

（2）对大型构件及有可靠应用经验的构件，可只进行裂缝宽度、挠度和抗裂检验。

（3）对使用数量较少的构件，当能提供可靠依据时，可不进行结构性能检验。

**3. 预制构件受力钢筋和混凝土强度实体检验**

（1）对于不需要进行结构性能检验的预制构件，如果监理或者建设单位有代表驻厂监督生产过程，对预制构件可不做实体检验，否则，应对进场预制构件的受力钢筋和混凝土进行实体检验。且该项为主控检验项目，抽样检验。

（2）检验项目为同一类预制构件时不超过1000个为一批，每批次抽取一个预制构件进行结构性能检验。

（3）同一类型预制构件是指同一品种、同一混凝土强度等级、同一生产工艺、同一结构形式的预制构件。

（4）受力钢筋需要检验其数量、规格、间距、保护层厚度。

（5）混凝土需要检验强度等级。

（6）实体检验可采取不破损的方法进行。在没有专业工具的情况下，可采取破损构件的方法进行检验。

**4. 标识检查**

标识属于一般检验项目，为全数检查。检查标识内容包括制作单位、预制构件编号、型号、规格、强度等级、生产日期、质量验收标志。

### 4.3.3　不合格预制构件的处理方法

（1）运送至施工现场的预制构件，如果在车上就检验出为不合格，则不卸车，随车运回构件工厂维修或更换。

（2）构件卸车后在堆放场地检验出为不合格，应将其单独存放，通知构件工厂进行维修处理，处理后应重新检验。

（3）经维修处理后的构件仍不合格，应做报废处理，并做好报废标记，防止混用。

# 本 节 练 习 题 及 答 案

1.（单选）预制构件进场时，应对受力钢筋和混凝土强度进行实体检验，下列说法错误的是（　　　）。

A. 对于不需要帮结构性能检验的预制构件，如果监理或者建设单位有代表驻厂监督生产过程，对预制构件可不做实体检验，否则，应对进场预制构件的受力钢筋和混凝土进行实体检验

B. 检验项目为同一类预制构件时不超过 1000 个为一批，每批次抽取一个预制构件进行结构性能检验

C. 受力钢筋需要检验其规格、间距、保护层厚度

D. 混凝土需要检验强度等级

【答案】C

2.（多选）预制构件进场时，应对受力钢筋检验的项目是（　　　）。

A. 规格　　　　　　　B. 间距　　　　　　　C. 保护层厚度　　　　　D. 位置

【答案】ABC

# 4.4　预制构件吊装前工作

### 4.4.1　柱放线

（1）柱子进场验收合格后，在柱底部往上 1000mm 处弹出标高控制线。

（2）各层柱子安装分别要测放轴线、边线、安装控制线。

（3）每层柱子安装要在柱子根部的两个方向标记中心线，安装时使其与轴线吻合。

### 4.4.2　梁放线

（1）梁进场验收合格后，在梁端（或底部）弹出中心线。

（2）在校正加固完的墙板或柱子上，或在地面上测放梁的投影线。

### 4.4.3　剪力墙板放线

（1）剪力墙板进场验收合格后，在剪力墙板底部往上 50mm 处弹出水平控制线。

（2）以剪力墙板轴线作为参照，弹出剪力墙板边界线。

（3）在剪力墙板左右两边向内 500mm 各弹出两条竖向控制线。

### 4.4.4　楼板放线

（1）楼板依据轴线和控制网线分别引出控制线。

（2）在校正完的墙板或梁上弹出标高控制线。

（3）每块楼板要有两个方向的控制线。

（4）在梁上或墙板上标识出楼板的位置。

### 4.4.5　外挂墙板放线

（1）设置楼面轴线垂直控制点，楼层上的控制轴线用垂线仪及经纬仪由底层原始点直接向上引测。

（2）每个楼层设置标高控制点，在该楼层柱上放出 500m 标高线，利用 500mm 线在楼面进行第一次墙板标高抄平及控制，利用垫片调整标高，在外挂墙板上放出距离结构标高 500mm 的水平线，进行第二次墙板标高抄平及控制。

（3）外挂墙板控制线，墙面方向按界面控制，左右方向按轴线控制。

（4）外挂墙板安装前，在墙板内侧弹出竖向与水平线，安装时与楼层上该墙板控制线相对应。

（5）外挂墙板垂直度测量，4 个角留设的测点为外挂墙板转换控制点，用靠尺（托线板）以此 4 点在内侧及外侧进行垂直度校核和测量。

### 4.4.6　其他预制构件放线

（1）预制构件进场验收合格后，先在构件上弹出控制线。

（2）预制空调板、阳台板、楼梯控制线依次由轴线控制网引出，每块预制构件均有纵、横两条控制线。

（3）在预制构件安装部位相邻的预制构件上或现浇的结构上弹出控制线和标高线。

（4）曲面等异形预制构件放线时要根据预制构件的特征，在预制构件上找出 3～5 个控制点，对应在安装预制构件的部位进行测量放线。

## 本节练习题及答案

1.（单选）柱子进场验收合格后，在柱底部往上（　　）处弹出标高控制线。

A. 500mm　　　　B. 800mm　　　　C. 1000mm　　　　D. 1200mm

【答案】C

2.（简答）请简述预制阳台板安装前的放线准备工作。

【答案】（1）楼板依据轴线和控制网线分别引出控制线。

（2）在校正完的墙板或梁上弹出标高控制线。

（3）每块楼板要有两个方向的控制线。

（4）在梁上或墙板上标识出楼板的位置。

# 4.5　钢筋加工作业

## 4.5.1　施工现场钢筋加工要点

（1）卷盘钢筋加工前应经调直且无损伤或死弯。

（2）钢筋下料时，不带弯钩的钢筋下料长度偏差为 ±10mm，带弯钩及弯折的钢筋下料偏差为 ±1$d$（$d$ 为钢筋直径）。

（3）钢筋弯制应满足设计要求，当设计无要求时，应符合下列规定：

1）受拉热轧光圆钢筋的末端应做成 180° 的半圆形弯钩，弯钩的弯曲直径不得小于2.5 倍钢筋直径，钩端应留有不小于 3 倍钢筋直径的直线段。

2）受拉热轧带肋钢筋的末端应采用直角形弯钩，钩端的直线段长度不小于 3 倍钢筋直径，直钩的弯曲直径不小于 5 倍钢筋直径。

3）弯起钢筋应弯成平滑的曲线，其曲率半径不宜小于钢筋直径的 10 倍（光圆钢筋）或 12 倍（带肋钢筋）。

4）使用光圆钢筋制成的箍筋，其末端应有弯钩，弯钩的弯曲内径应大于受力钢筋直径，且不应小于箍筋直径的 2.5 倍；弯钩平直部分的长度一般为：一般结构不宜小于箍筋直径的 5 倍，有抗震要求的结构不宜小于箍筋直径的 10 倍。

## 4.5.2　后浇混凝土伸出钢筋定位

**1. 中心位置定位**

根据施工图上的基准点位置或控制线、控制点经测量后确定伸出钢筋的绝对位置。

**2. 相对位置定位**

通常采用模板支架等设施来确定伸出钢筋的相对位置。

**3. 伸出长度定位**

钢筋伸出长度常通过标高控制点来测量。

## 4.5.3　后浇混凝土钢筋连接操作要求

（1）钢筋宜采用闪光对焊，受拉主筋不得采用绑扎搭接连接。

（2）预制构件的伸出钢筋与后浇部位的钢筋连接应严格按规范要求施工。

（3）钢筋交叉点应采用铁丝绑扎牢固，必要时也可以采用焊接。

（4）浇筑混凝土前，应绑扎好钢筋间隔件，保证混凝土保护层厚度。

### 4.5.4　钢筋机械连接施工要点

钢筋机械连接分为套筒挤压连接和螺纹套筒连接。

**1. 套筒挤压连接操作要点**

套筒挤压连接是把两根待连接的钢筋端头伸入一个套筒内，然后用挤压设备在侧向加压，套筒变形后与带肋钢筋紧紧咬合。

（1）加工套筒挤压接头的操作人员应经专业培训，合格后方可上岗。

（2）钢套筒挤压连接开始前，应对每批进场钢筋进行挤压连接工艺检验，合格后方可批量作业。

（3）清理钢筋端头的铁锈、油污等，如端头有变形，应先矫正或打磨整形。

（4）在钢筋端部画出定位标记与检查标记，定位标记与钢筋端头的距离为套筒长度的一半。

（5）用于连接钢筋的套筒应与被连接钢筋的规格相匹配。

（6）套筒挤压连接宜先在地面上挤压一端套筒，在施工作业区插入待接钢筋后再挤压另一端套筒。钢筋插入套筒的深度应以定位标记为准。

（7）液压钳就位时，应对正套筒压痕位置的标记，并使挤压运动的方向与钢筋轴线相垂直。

（8）液压钳的施压顺序应由套筒的中部依次向端部进行，每次施压时要控制压痕深度。

（9）挤压后套筒外的压痕道数应符合型式检验确定的道数，且不得有肉眼可见的裂缝。

（10）挤压后的套筒长度应为其原始长度的 1.10～1.15 倍，或压痕处套筒的外径为其原始外径的 0.8～0.9 倍。

（11）钢筋套筒挤压接头每 500 个为一批，按《钢筋机械连接技术规程》（JGJ 107—2016）进行外观质量检查和单向拉伸试验，结果均应合格。

**2. 螺纹套管连接操作要点**

（1）钢筋下料时，应采用无齿锯切割，端头截面不得翘曲。

（2）将螺纹套筒拧在一根钢筋的丝头上，用扭力扳手拧至规定的力矩。

（3）在施工现场将待连接的钢筋拧入螺纹另一端，用扭力扳手拧至规定的力矩。

（4）标准型接头安装后外露螺纹不得超过 $2P$。

# 本节练习题及答案

1.（单选）钢筋下料时，不带弯钩的钢筋下料长度偏差为（　　　）。

A. ±5mm　　　　　B. ±8mm　　　　　C. ±10mm　　　　　D. ±12mm

【答案】C

2.（多选）关于钢筋加工要点，正确的是（　　　）。

A. 卷盘钢筋加工前应经调直且无损伤或死弯

B. 钢筋下料时，带弯钩及弯折的钢筋下料偏差为 ±1d（d 为钢筋直径）

C. 一般结构的弯钩平直部分的长度一般不宜小于箍筋直径的 10 倍

D. 受拉热轧光圆钢筋弯制时，钢筋的末端应做成 180° 的半圆形弯钩

【答案】ABD

# 4.6　预制构件吊装作业

## 4.6.1　预制构件临时支撑作业

### 1. 竖向预制构件临时支撑作业

（1）竖向预制构件包括柱、墙板、整体飘窗等。

（2）竖向预制构件临时支撑安装流程如图 4.6-1 所示。

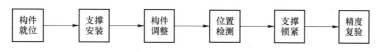

图 4.6-1　竖向预制构件临时支撑安装流程图

（3）竖向预制构件临时支撑的一般要求。

1）支撑的上支点宜设置在预制构件高度 2/3 处。

2）支撑在地面上的支点，应使斜支撑与地面的水平夹角保持在 45°～60° 之间。

3）斜支撑应设计成长度可调节的方式。

4）每个预制柱斜支撑不少于两个，且须在相邻两个面上支设（图 4.6-2）。

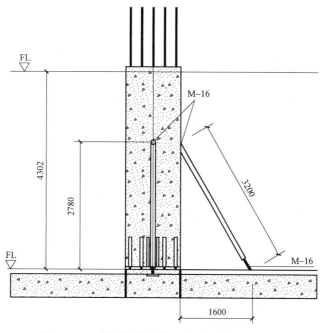

图 4.6-2　预制柱斜支撑示意图（单位：mm）

5）每块预制墙板常设两个斜支撑。

6）预制构件上的支撑点，应在确定支点设置方案时将方案提供给工厂，工厂在生产构件时将预埋件埋设在预制构件中。

7）固定竖向构件斜支撑的地脚，采用预埋方式时，应在叠合层现浇前预埋，且应与桁架筋连接在一起，或采用其他加固措施加固。

8）加工制作斜支撑宜采用无缝钢管。

**2. 水平预制构件临时支撑作业**

水平预制构件包括楼板、楼梯、阳台板、梁、空调板、遮阳板、挑檐板等。水平预制构件在施工过程中会承受较大的临时荷载。

水平预制构件临时支撑安装流程如图 4.6-3 所示。

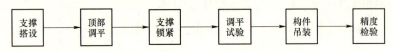

图 4.6-3　水平预制构件临时支撑安装流程图

**3. 楼面板独立支撑搭设要点**

楼面板的水平临时支撑有两种方式，一种是独立支撑体系，一种是传统满堂红脚手架体系。

（1）独立支撑在搭设时的尺寸偏差等应符合表 4.6-1 的规定。

表 4.6-1　　　　　　　　独立支撑搭设允许尺寸偏差及检验方法

| 项目 | | 允许偏差/mm | 检验方法 |
| --- | --- | --- | --- |
| 轴线位置 | | 5 | 钢尺检查 |
| 层高垂直度 | 不大于 5m | 6 | 经纬仪吊线、钢尺检查 |
| | 大于 5m | 8 | 经纬仪吊线、钢尺检查 |
| 相邻两板表面高低差 | | 2 | 钢尺检查 |
| 表面平整度 | | 3 | 靠尺和塞尺检查 |

（2）独立支撑检验标准应符合表 4.6-2 的相关规定。

表 4.6-2　　　　　　　　独 立 支 撑 检 验 标 准

| 项目 | 要求 | 检查数量 | 检查方法 |
| --- | --- | --- | --- |
| 独立支撑 | 应有产品质量合格证、质量检验报告 | 750 根为一批，每批抽取一根 | 检查资料 |
| | 独立支撑钢管表面应平整光滑，不应有裂缝、结疤、分层、错位、硬弯、毛刺、压痕、深的划道及严重锈蚀等缺陷，严禁打孔 | 全数 | 目测 |
| 钢管外径及壁厚 | 外径允许偏差±0.5mm；壁厚允许偏差±10% | 3% | 卡尺量测 |
| 扣件螺栓拧紧扭力矩 | 扣件螺栓拧紧扭力值不应小于 40N·m，且不应大于 65N·m | | |

**4. 预制梁支撑体系搭设要点**

（1）预制梁的支撑体系通常使用盘扣架，立杆步距不太于 1.5m，水平杆步距不大于 1.8m。

（2）预制梁支撑架体的上方可加设 U 形托板、U 形托板上放置木方、铝梁或方管。

（3）梁底支撑应与现浇板架体支撑连接。

**5. 悬挑水平预制构件临时支撑作业**

（1）离悬挑端及支座处 300～500mm 距离各设置一道支撑。

（2）直悬挑方向的支撑间距根据预制构件重量等经设计确定，常见的间距为 1～1.5m。

（3）板式悬挑预制构件下支撑数不得少于 4 个。

**6. 临时支撑的检查**

在施工使用的定型工具式支撑、支架等系统时，首先应进行安全验算，通过后方可使用；使用期间应定期或不定期进行检查。检查应包含以下内容：

（1）支撑杆规格是否与设计图纸一致。

（2）支撑杆上下两个螺栓是否拧紧。

（3）支撑杆调节区定位销是否固定好。

（4）支撑体系角度是否正确。

（5）斜支撑是否与其他相邻支撑冲突。

**7. 临时支撑的拆除**

（1）临时支撑拆除的条件。

1）由设计提出临时支撑拆除条件。

2）预制构件连接部位后浇混凝土及灌浆料达到设计强度值之后，方可拆除临时支撑。

3）叠合预制构件在后浇混凝土强度达到设计要求后，方可拆除临时支撑。

（2）拆除临时支撑的注意事项。

1）拆除支撑时，需要两人一组进行操作，一人操作，另一人配合。

2）拆除顺序为：先内侧，后外侧；从一侧向另一侧推进；先高处，后低处。

## 4.6.2　预制构件吊装

**1. 单元试吊装**

（1）单元试安装是在正式安装前对平面跨度内包括各类预制构件的单元进行试验性安装，以便提前发现、解决安装中存在的问题，并在正式安装前做好各项准备工作。

（2）试安装的单元选择。

1）宜选择一个具有代表性的单元进行预制构件试安装。

2）应选择预制构件比较全、难度大的单元进行试安装。

3）应提前通知构件厂安排先行生产需要试安装的构件。

4）试安装中发现的问题应及时反馈给构件厂，进行整改完善，避免批量生产出有问题的构件。

**2. 预制构件安装工艺流程**

（1）预制构件安装作业的基本工序如下：

准备工作→预制构件吊装→预制构件调整及固定→预制构件安装质量检查验收。

（2）预制构件吊装作业工艺流程如图4.6-4所示。

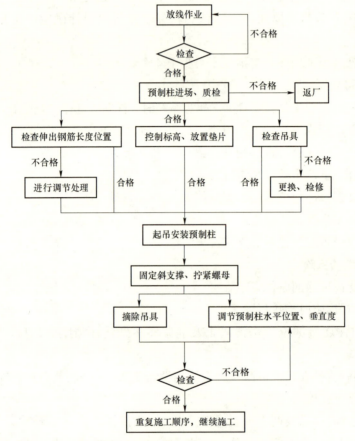

图4.6-4　预制构件吊装作业工艺流程图

**3. 预制构件安装操作规程**

（1）在被吊装的预制构件上系好牵引绳。

（2）在预制构件的吊点上挂钩。

（3）预制构件缓慢起吊，提升到约30cm高，进行观察，如没有异常现象，保证吊索平衡，再继续吊起。

（4）将预制构件吊至比安装作业面高出3m以上，且高出作业面最高设施1m以上高度时再平移预制构件至安装部位上方，然后缓慢下降高度。

（5）预制构件接近安装部位时，安装人员用牵引绳调整构件的位置与方向。

（6）预制构件高度接近安装部位约60cm时，安装人员开始用手扶着预制构件引导就位。

（7）预制构件安装后，检查临时支撑受力状态是否正常。

（8）调整构件标高、垂直度等。

（9）检查复核安装精度。

**4. 预制构件吊装作业要点**

（1）预制柱吊装。

1）柱标高控制：首先用水平仪按设计要求测量标高，在柱下面用垫片垫至标高（通常为 20mm），设置三点或四点，位置均在距离柱外缘 100mm 处。

2）柱起立：柱起立前在起立接触地面部位放置两层橡胶垫，防止柱起立时对柱角及地面造成破损。

3）柱起吊：起吊过程中，不得与其他构件发生碰撞。

4）柱临时固定：采用可调斜支撑将柱进行固定，柱相邻两个面的支撑通常各设 1 道，如果柱较宽，可根据实际情况在宽面上采用两道。长支撑的支撑点距离柱底的距离不宜小于柱高的 2/3，且不应小于柱高的 1/2。

（2）预制剪力墙板吊装。

1）粘贴底部密封条：无保温的普通剪力墙外墙板，要将合适规格的橡塑海绵条粘贴在墙板底部外侧，以方便后续外墙水平缝打胶；夹芯保温剪力墙板底部的保温层位置缝隙处要贴橡塑海绵胶条，并用铁钉固定；橡塑海绵胶条的宽度不宜大于 15mm，最大不超过 20mm，保证墙板的钢筋保护层厚度，高度要高出调平垫片 5mm。

2）设置剪力墙板标高控制垫片：标高控制垫片设置在剪力墙板下面，每块剪力墙板在两端角部下面通常设置 2 点，位置均在距离剪力墙板外边缘 20mm 处，垫片要提前用水平仪测量好标高，标高以本层板面的设计结构标高 +20mm 为准。剪力墙板采用可调节斜支撑进行固定，一般情况下每块剪力墙板安装需要双支撑（图 4.6-5）。

（3）预制外挂墙板安装。

1）外挂墙板就位后，将螺栓安装上，不要拧紧，根据控制线，调整外挂墙板的水平、垂直及标高，待调整完成后再将螺栓紧固到设计要求，并非所有螺栓都需要拧紧，活动支座拧紧后会影响节点的活动，因此只需将螺栓拧紧到设计要求的程度即可。

2）外挂墙板侧面中心线及板面垂直度的校核，应以中线为主做调整。

3）外挂墙板上下校正时，应以竖缝为主做调整。

4）外挂墙板接缝应以满足外墙面平整为主，内墙面不平或翘曲时，可以装饰或内保温环节做调整。

5）外挂墙板山墙阳角与相邻板的校正，以阳角为基准做调整。

6）外挂墙板拼缝平整的校核，应以楼地面水平线为基准做调整。

**5. 预制构件安装精度调整**

（1）平整度调整。

1）每个楼层设置有标高控制点，在该楼层柱上放出 500mm 标高线，利用 500mm 标高线进行墙板标高抄平及控制，利用不同厚度的垫片调整标高，直到符合设计要求为止。

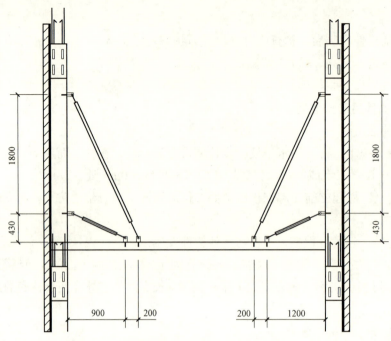

图 4.6 – 5　剪力墙板双支撑固定示意图（单位：mm）

2）调整标高的垫片要放置在平整坚实的楼面上。如果楼面已经经过凿毛处理，则需要将垫片放置处的凹凸部位进行处理。

（2）水平位置调整。水平位置调整以预制构件的轴线为基准，两侧共同分担偏差。不到位的情况可以采用专用水平微调工具。

（3）垂直度调整。垂直度调整时常采用水平尺靠住前面，通过调整斜支撑来调整垂直度，调整到位后再将斜支撑固定。

# 本节练习题及答案

1.（单选）临时支撑的拆除条件要求应当由（　　）给出。

A. 施工单位　　　　　B. 监理单位　　　　　C. 设计单位　　　　　D. 建设单位

【答案】C

2.（单选）板式悬挑预制构件下支撑数不得少于（　　）个。

A. 2　　　　　　　　B. 3　　　　　　　　C. 4　　　　　　　　D. 5

【答案】C

3.（单选）外挂墙板上下校正时，应以（　　）为主做调整。

A. 竖缝　　　　　　　B. 水平缝　　　　　　C. 外墙板平整度　　　D. 垂直度

【答案】A

4.（多选）关于预制剪力墙板吊装规定，正确的是（　　）。

A. 无保温的普通剪力墙外墙板，要将合适规格的橡塑海绵条粘贴在墙板底部外侧，

以方便后续外墙水平缝打胶

B. 夹芯保温剪力墙板底部的保温层位置缝隙处要贴橡塑海绵胶条，并用铁钉固定

C. 剪力墙板采用可调节斜支撑进行固定，一般情况下每块剪力墙板安装需要双支撑

D. 橡塑海绵胶条的宽度不宜大于 15mm，最大不超过 25mm，保证墙板的钢筋保护层厚度，高度要高出调平垫片 5mm

【答案】ABC

# 4.7　预制构件的缺陷处理

预制构件的缺陷处理主要是修补预制构件。

**1. 确定修补方案**

（1）预制构件在吊装过程中，不可避免会出现轻微损坏，出现质量问题。经设计、监理等单位确认可以修补的，可按照修补方案进行处理。

（2）应根据质量问题的类型及严重程度确定修补方案，常见质量问题修补方案见表 4.7 - 1。

表 4.7 - 1　　　　　　　　常见质量问题修补方案的确定

| 问题类型 | 不同严重程度的修补方案 | | |
| --- | --- | --- | --- |
| | 轻微 | 一般 | 严重 |
| 棱角破损 | 用修补砂浆修补 | 修补砂浆多次修补 | 植筋后用同等级或高一等级的混凝土修补，再进行表面处理 |
| 裂缝 | 表面水泥浆覆盖 | 针注环氧树脂 | 开 V 形槽，用树脂或微膨胀混凝土修补 |
| 饰面材料损坏 | 修补胶泥调色修补 | 凿除饰面材料重新铺贴 | |

**2. 修补方法**

（1）棱角破损修补方法。

1）将棱角处已松动的混凝土凿去，并用毛刷将灰尘清理干净，于修补前用水湿润表面，待其干后刷上修补胶。

2）刮腻子的方法，将修补砂浆用钢抹子压入破损处，随即刮平直至满足外观要求。在棱角部位用靠尺将棱角取直，确保外观一致。

3）表面凝结后用细砂纸打磨平整，边角线条应平直。

4）缺角的厚度超过 40mm 时，要在缺角截面上植入钢筋或打入胀栓，并分两次填补平整，再进行表面处理使表面满足要求。

（2）缝的修补方法。对于预制构件表面轻微的浅表裂缝，可采用表面抹水泥浆或涂环氧树脂的表面封闭法处理。对于缝宽不小于 0.3mm 的贯穿或非贯穿裂缝，可参考下面的方法进行修补：

1）修补前，应对裂缝处混凝土表面进行预处理，除去基层表面上的浮灰、水泥浮浆、返碱、油渍和污垢等污染附着物，并用水冲洗干净；对于表面上的凸起、疙瘩以及起壳、分层等疏松部位，应将其铲除，并用水冲洗干净，等待至面干。

2）深度未及钢筋的局部裂缝，可向裂缝注入水泥浆或环氧树脂，嵌实后覆盖养护；如裂缝较多，清洗裂缝待干燥后涂刷两遍环氧树脂进行表面封闭。

3）对于缝宽大于 0.3mm 的较深或贯穿裂缝，可采用环氧树脂注浆后表面再加刷建筑胶黏剂进行封闭或者采用开 V 形槽的修补方法，具体步骤如下：

① 裂缝部位凿出 V 形槽、深及裂缝最底部，并清理干净。

② 按环氧树脂∶聚硫橡胶∶水泥∶砂＝10∶3∶12.5∶28 的比例配置修补砂浆，必要时可用适量丙酮调节砂浆的稠度。

③ 修补部位表面刷界面结合剂或修补黏胶后将修补砂浆填入 V 形槽中，压实。

④ 修补部位覆盖养护，完全初凝后可洒水湿润养护。

⑤ 修补部位强度达到 5MPa 或以上时，再进行表面修饰处理。

（3）清水混凝土装饰混凝土预制构件的表面修补方法。修补用砂浆应与预制构件颜色严格一致，修补砂浆终凝后，应当采用砂纸或抛光机进行打磨，保证修补痕迹在 2m 远处用肉眼无法分辨。

# 本节练习题及答案

1.（单选）缺角的厚度超过（　　）时，要在缺角截面上植入钢筋或打入胀栓，并分两次填补平整，再进行表面处理使表面满足要求。

A. 40mm　　　　　B. 30mm　　　　　C. 45mm　　　　　D. 50mm

【答案】A

2.（多选）预制构件出现裂缝后，应根据设计给出的修补方案进行修补，下列关于缝的修补方法正确的是（　　）。

A. 对于预制构件表面轻微的浅表裂缝，可采用表面抹水泥浆或涂环氧树脂的表面封闭法处理

B. 深度未及钢筋的局部裂缝，可向裂缝注入水泥浆或环氧树脂，嵌实后覆盖养护

C. 修补前，应对裂缝处混凝土表面进行预处理，除去基层表面上的浮灰、水泥浮浆、返碱、油渍和污垢等污染附着物，并用水冲洗干净

D. 对于缝宽大于 0.5m 的较深或贯穿裂缝，可采用环氧树脂注浆后表面再加刷建筑胶黏剂进行封闭或者采用开 V 形槽的修补方法

【答案】ABC

## 4.8　构件吊装接缝处理

### 4.8.1　预制构件接缝类型及构造

装配式混凝土建筑预制构件构造接缝有以下几种：

（1）夹芯保温剪力墙板的外墙构造接缝。

（2）无保温外墙构造接缝。

（3）建筑的变形缝。

（4）框架结构和筒体结构外挂墙板间的构造接缝。

（5）无外挂墙板框架结构梁柱间的构造接缝。

**1. 夹芯保温剪力墙外墙接缝**

（1）夹芯保温剪力墙板外叶板的水平接缝节点。夹芯保温剪力墙板内叶板是通过套筒灌浆或浆锚搭接的方式与后浇梁实现连接的，外叶板上有水平接缝（图4.8-1）。

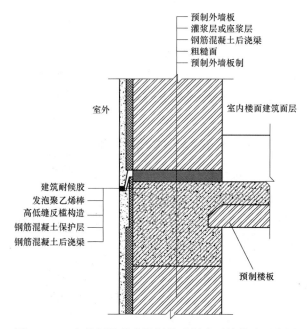

图4.8-1　夹芯保温剪力墙板外叶板水平缝构造示意图

（2）夹芯保温剪力墙板外叶板的竖缝节点。夹芯保温剪力墙板外叶板的竖缝一般在后浇混凝土区。夹芯保温剪力墙的保温层与外叶板外延，以遮挡后浇区，同时也作为后浇区混凝土的外模板（图4.8-2）。

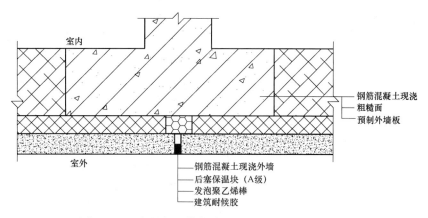

图4.8-2　夹芯保温剪力墙板外叶板竖缝构造示意图

（3）L 形后浇段构造接缝。带转角的 PCF 剪力墙转角处为后浇区，接缝构造如图 4.8-3 所示。

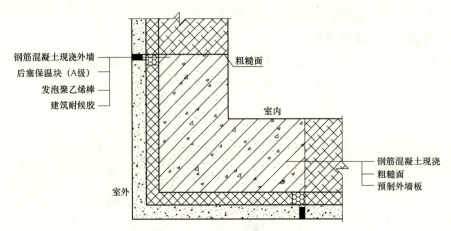

钢筋混凝土现浇外墙
后塞保温块（A 级）
发泡聚乙烯棒
建筑耐候胶

粗糙面

室内

室外

钢筋混凝土现浇
粗糙面
预制外墙板

图 4.8-3　L 形竖向后浇段接缝构造示意图

（4）夹芯保温剪力墙转角处的构造接缝如图 4.8-4 所示。

**2. 无保温层或外墙内保温的构件构造接缝**

建筑表面为清水混凝土或涂漆时，连接节点的灌浆部位通常做成凹缝（图 4.8-5）。为保证接缝处受力钢筋的保护层厚度，灌浆前用橡胶条塞入接缝处堵塞，灌浆后取出橡胶条，接缝处形成凹缝。

**3. 建筑物变形缝**

建筑物变形缝构造如图 4.8-6 所示。

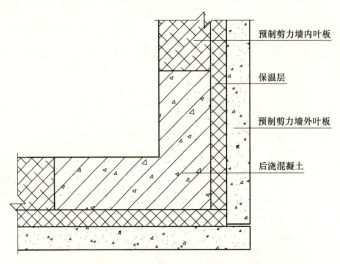

预制剪力墙内叶板

保温层

预制剪力墙外叶板

后浇混凝土

图 4.8-4　夹芯保温剪力墙转角处构造接缝示意图

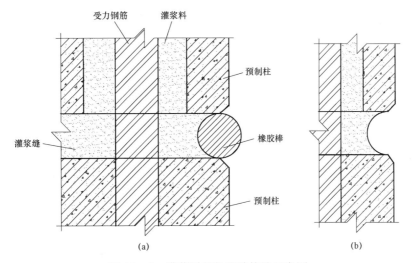

图 4.8－5　灌浆料部位凹缝构造示意图

（a）灌浆时用橡胶条临时堵塞示意图；（b）灌浆后取出橡胶条效果图

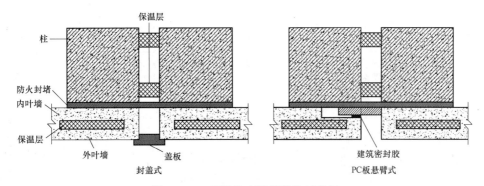

图 4.8－6　建筑物变形缝构造示意图

## 4. 框架结构和简体结构外挂墙板间的构造接缝

外挂墙板的接缝有以下 3 种类型：

（1）无保温外挂墙板接缝构造如图 4.8－7 所示。

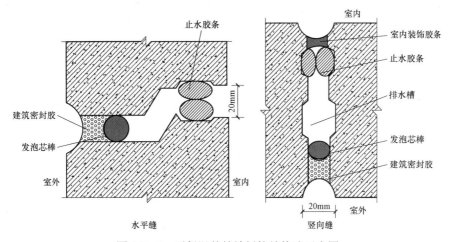

图 4.8－7　无保温外挂墙板接缝构造示意图

（2）夹芯保温板接缝构造如图 4.8－8 所示。

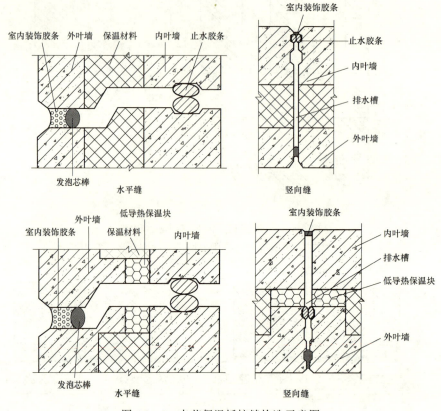

图 4.8－8　夹芯保温板接缝构造示意图

（3）夹芯保温板外叶板端部封头构造如图 4.8－9 所示。

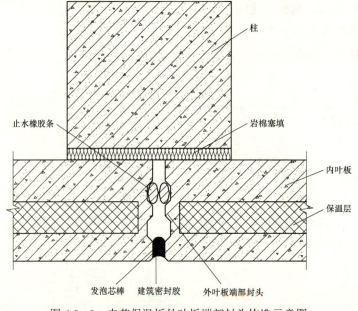

图 4.8－9　夹芯保温板外叶板端部封头构造示意图

### 4.8.2　接缝防水处理要点

（1）预制外挂墙板接缝通常设置三道防水措施，第一道为密封胶防水；第二道采用构造防水；第三道为气密条（止水胶条）防水。

（2）外挂墙板接缝的气密条应在安装前粘贴到外挂墙板上，要粘贴牢固。

（3）气密条必须是空心的，应具有密封性好、耐久性好、弹性好、压缩率高等特点。

（4）建筑防水密封胶应与混凝土有良好的黏性、耐候性、弹性，且压缩率要高，同时还应该具有可涂装性和环保性。

（5）打胶作业程序示意图如图 4.8－10 所示。

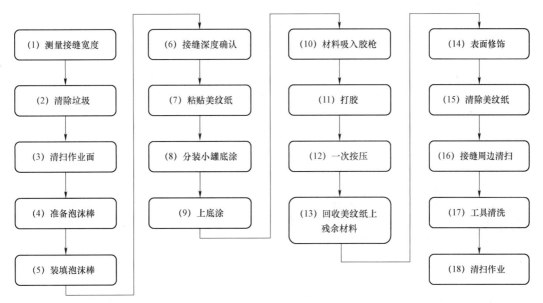

图 4.8－10　打胶作业程序示意图

### 4.8.3　接缝防火处理要点

（1）构造接缝处封堵材料的边缘应使用 A 级防火保温材料，按设计要求封堵密实。

（2）构造缝隙边缘要用弹性嵌缝材料封堵。

（3）预制外墙防火构造的部位主要是：有防火要求的板与板之间的缝隙、层间缝隙、板柱之间的缝隙。

1）板与板之间缝隙是指两块墙板之间的缝隙，其防火构造及封堵方式如图 4.8－11 所示。

2）层间缝隙是指预制墙板与楼板或梁之间的缝隙，其防火构造及封堵方式如图 4.8－12 所示。

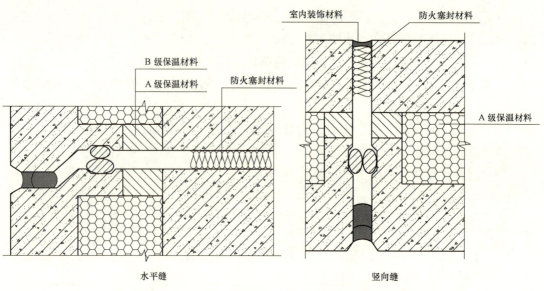

图 4.8－11 预制墙板之间缝隙防火封堵方式示意图

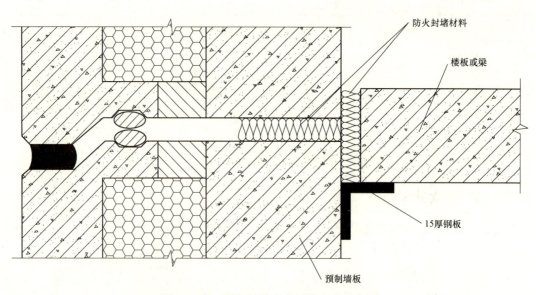

图 4.8－12 层间缝隙防火封堵方式示意图

3）板柱（内墙）缝隙是指预制墙板与柱（内墙）之间的缝隙，其防火构造及封堵方式如图 4.8－13 所示。

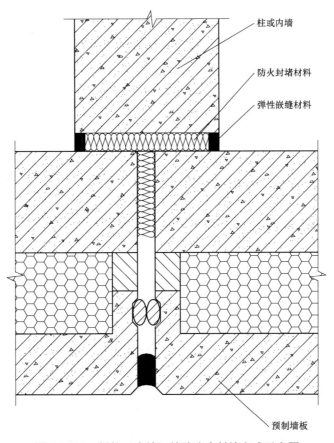

图 4.8−13　板柱（内墙）缝隙防火封堵方式示意图

# 本节练习题及答案

1.（单选）构造接缝处封堵材料的边缘应使用（　　）级防火保温材料，按设计要求封堵密实。

A. A1　　　　　　　　　　　　　B. A2

C. A　　　　　　　　　　　　　D. B1

【答案】C

2.（简答）图 4.8−14 所示为夹芯保温剪力墙板外叶板的水平接缝节点示意图，请标注出数字序号表示的构造做法。

【答案】（1）建筑耐候胶。

（2）发泡聚乙烯棒。

（3）高低缝构造。

（4）钢筋混凝土保护层。

（5）钢筋混凝土后浇梁。

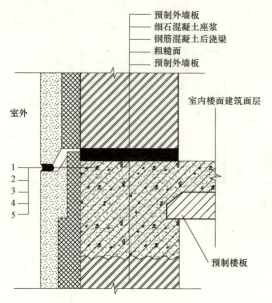

图 4.8 – 14　夹芯保温剪力墙板外叶板的水平接缝节点示意图

# 4.9　预制构件吊装质量验收

### 4.9.1　预制构件安装的允许偏差

装配式混凝土建筑结构预制构件安装允许偏差应符合设计要求，并应符合表 4.9 – 1 的规定。

表 4.9 – 1　　　　　　　　装配式结构尺寸允许偏差及检验方法

| 项　　目 | | | 允许偏差/mm | 检验方法 |
|---|---|---|---|---|
| 构件中心线对轴线位置 | 基础 | | 15 | 尺量检查 |
| | 竖向构件（柱、墙、桁架） | | 10 | |
| | 水平构件（梁、板） | | 5 | |
| 构件标高 | 梁、柱、墙、板底面或顶面 | | ±5 | 水准仪或尺量检查 |
| 构件垂直度 | 柱、墙 | <5m | 5 | 经纬仪或全站仪量测 |
| | | ≥5m 且<10m | 10 | |
| | | ≥10m | 20 | |
| 构件倾斜度 | 梁、桁架 | | 5 | 垂线、钢尺量测 |
| 相邻构件平整度 | 板端面 | | 5 | 钢尺、塞尺量测 |
| | 梁、板底面 | 抹灰 | 5 | |
| | | 不抹灰 | 3 | |

续表

| 项 目 | | | 允许偏差/mm | 检验方法 |
|---|---|---|---|---|
| 相邻构件平整度 | 柱、墙侧面 | 外露 | 5 | 钢尺、塞尺量测 |
| | | 不外露 | 10 | |
| 构件搁置长度 | 梁、板 | | ±10 | 尺量检查 |
| 支座、支垫中心位置 | 板、梁、柱、墙、桁架 | | 10 | 尺量检查 |
| 墙板接缝 | 宽度 | | ±5 | 尺量检查 |
| | 中心线位置 | | | |

## 4.9.2 预制构件安装的外观检查

预制构件安装后的外观检查,主要是检查安装过程中对预制构件造成的损坏、污染以及拼缝处理情况。主要检查项目及检查标准见表 4.9 – 2。

表 4.9 – 2                    预制构件外观检查项目及标准

| 序号 | 检查项目 | | 检查标准 |
|---|---|---|---|
| 1 | 破损 | 磕碰掉角 | 不应出现 |
| | | 裂缝 | |
| | | 装饰层损坏 | |
| | | 棱角破损 | |
| 2 | 表面污染 | 被混凝土污染 | 不应出现 |
| | | 被灌浆料污染 | |
| | | 打胶过程污染 | |
| | | 装饰层被污染 | |
| | | 被油污等污染 | |
| 3 | 拼缝处理 | 平整度 | 偏差控制在 5mm 以内 |
| | | 拼缝上下间距 | |
| | | 错缝现象 | |
| 4 | 其他缺陷 | 影响使用功能的缺陷 | 不应出现 |
| | | 明显色差 | |

## 4.9.3 预制构件安装常见问题及预防处理措施

装配式混凝土建筑施工环节容易出现的质量问题、危害、原因及其预防与处理措施见表 4.9 – 3。

表 4.9 – 3 预制构件安装常见问题、危害、原因及其预防与处理措施

| 问题 | 危害 | 原因 | 检查 | 预防与处理措施 |
|---|---|---|---|---|
| 与预制构件连接的钢筋误差过大，加热烤弯钢筋 | 钢筋热处理后影响强度及结构安全 | 现浇外留钢筋定位不准确<br>构件预留钢筋误差偏大 | 质检员<br>监理 | （1）现浇混凝土时需用专用模板对钢筋进行定位<br>（2）浇筑混凝土前严格检查<br>（3）不合格的预制构件禁止出厂 |
| 套筒或浆锚预留孔堵塞 | 灌浆料拌合物灌不进去或者灌不饱满、影响结构安全 | 残留混凝土浆料或异物进入 | 质检员 | （1）固定套管的胀拉螺栓锁紧<br>（2）脱模后出厂前严格检查<br>（3）采取封堵保护措施 |
| 灌浆不饱满 | 影响结构安全 | 没有严格执行灌浆作业操作规程，或作业时灌浆设备发生故障，接缝封堵与分仓出现质量问题 | 质检员<br>监理 | （1）培训作业人员<br>（2）配有备用灌浆设备<br>（3）保证接缝封堵和分仓质量<br>（4）质检员和监理全程旁站监督 |
| 安装误差大 | 影响美观和耐久性 | 预制构件几何尺寸偏差大或者安装偏差大 | 质检员<br>监理 | （1）定期检查制作模具自身和组装的质量<br>（2）调整安装偏差 |
| 临时支撑点数量不够或位置不对 | 预制构件安装过程中受支撑力不够，影响结构安全和作业安全 | 设计环节、制作环节发生遗漏或错误，现浇混凝土忘记预埋支撑点 | 质检员 | （1）设计、制作、施工人员要进行早期协同<br>（2）严格进行制作过程的隐蔽检查验收<br>（3）现浇混凝土浇筑前严格检查 |
| 后浇混凝土钢筋连接不符合要求 | 影响结构安全，造成安全隐患 | 作业空间狭小或工人责任心不强 | 质检员<br>监理 | （1）后浇区设计要考虑作业空间<br>（2）做好隐蔽工程的检查验收 |
| 后浇混凝土蜂窝、麻面、胀模 | 影响结构耐久性 | 混凝土质量或振捣存在问题、模板固定不牢 | 监理 | （1）保证混凝土质量满足要求<br>（2）振捣要及时，方法要得当<br>（3）按要求加固现浇模板 |
| 构件破损严重 | 很难复原，影响耐久性或建筑结构防水 | 安装工人不够熟练 | 质检员<br>监理 | （1）加强人员培训，规范作业流程<br>（2）对预制构件采取保护措施 |
| 防水密封胶施工质量差 | 影响耐久性及建筑结构防水 | 密封胶质量存在问题或打胶施工人员不专业 | 质检员<br>监理 | （1）选择优质的密封胶<br>（2）作业前对打胶人员进行培训<br>（3）采用专用的作业工具 |
| 楼层标高出现偏差 | 影响结构验收 | 放线时标高出现问题或者预制构件安装出现偏差 | 质检员<br>监理 | （1）严格按要求进行放线作业<br>（2）质检员在预制构件安装就位后认真检查标高，并做好记录 |
| 后浇混凝土支模或浇筑后墙板移位 | 影响结构成型质量 | 支模或浇筑不精心造成墙板移位，墙板支撑不牢固 | 质检员<br>监理 | （1）严格按要求进行后浇混凝土支模和浇筑作业<br>（2）支模后对墙板进行二次调整<br>（3）墙板斜支撑要安装牢固 |

# 本节练习题及答案

1.（单选）预制构件安装完成后，检查平整度偏差应不超过（　　）。

A. 4mm　　　　　B. 5mm　　　　　C. 6mm　　　　　D. 7mm

【答案】B

2.（多选）预制构件安装完成后，需要做构件中心线对轴线位置检验的构件有（　　）。

A. 预制柱　　　　　B. 预制梁　　　　　C. 预制墙板　　　　　D. 预制飘窗

【答案】ABC

# 4.10　灌浆作业

## 4.10.1　灌浆作业概述

在我国，灌浆连接技术适用于装配整体式混凝土结构中直径 12～40mm 的 HRB400 和 HRB500 钢筋的连接，包括预制柱的竖向受力钢筋、预制剪力墙的竖向钢筋和预制叠合梁的水平方向钢筋等连接。

**1. 灌浆作业相关标准**

（1）《装配式混凝土建筑技术标准》（GB/T 51231—2016）。

（2）《装配式混凝土结构技术规程》（JGJ 1—2014）。

（3）《钢筋连接用灌浆套筒》（JG/T 398—2019）。

（4）《钢筋连接用套筒灌浆料》（JG/T 408—2019）。

（5）《钢筋套筒灌浆连接应用技术规程》（JGJ 355—2015）。

（6）《钢筋机械连接技术规程》（JGJ 107—2016）。

**2. 国家标准关于灌浆作业的规定**

（1）应检查被连接钢筋的规格、数量、位置和长度，当连接钢筋倾斜时，应进行调直；连接钢筋偏离套筒或孔洞中心不宜超过 3mm。连接钢筋中心位置存在严重偏差影响预制构件安装时，应会同设计单位制定专项处理方案，严禁随意切割、强行调整定位钢筋。

（2）钢筋套筒灌浆连接接头应按检验批划分及时灌浆。

（3）检验批验收时，如对套筒灌浆连接接头质量有疑问，可以委托第三方有资质的检测机构进行非破损检测。

**3. 行业标准关于灌浆作业的规定**

钢筋套筒灌浆连接接头、钢筋浆锚搭接连接接头应按检验批划分要求及时灌浆，灌浆作业应符合国家现行有关标准及施工方案的要求，并应符合下列规定：

（1）灌浆施工时，环境温度不应低于 5℃；当连接部位养护温度低于 10℃时，应采取加热保温措施。

（2）灌浆操作全过程应有专职检验人员负责旁站监督并及时形成施工质量检查记录。

（3）应按产品使用说明书的要求计量灌浆料和水的用量，并搅拌均匀；每次拌制的灌浆料拌合物应进行流动度的检测，且其流动度应满足规程的规定。

（4）灌浆作业应采用压浆法从下口灌注，当浆料从上口流出后应及时封堵，必要时可设分仓进行灌浆。

（5）灌浆料拌合物应在制备后 30min 内用完。

**4. 灌浆连接方式的类型**

（1）连接节点的方式。装配式混凝土建筑节点的主要连接方式有灌浆连接方式、后浇混凝土连接方式、螺栓连接方式和焊接连接方式等。

（2）灌浆连接作业的方式。灌浆连接作业主要有两种方式，即压力式和重力式。

1）压力式：依靠电动灌浆机或手动灌浆枪的压力进行灌浆，例如套筒灌浆（图4.10-1）。

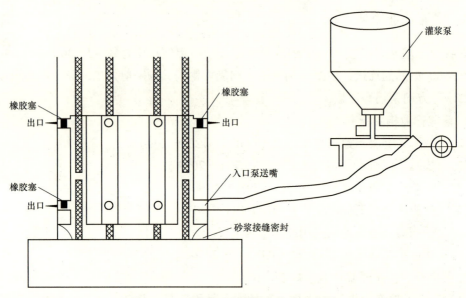

图 4.10-1　套筒压力式灌浆作业示意图

2）重力式：主要依靠灌浆料的重力从上往下灌浆，例如波纹管灌浆（图4.10-2）。

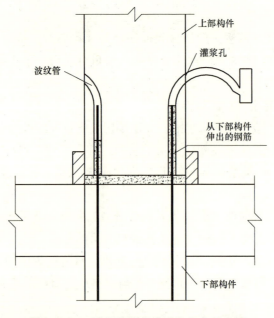

图 4.10-2　波纹管重力式灌浆作业示意图

（3）灌浆连接方式的类型（图 4.10 - 3）。

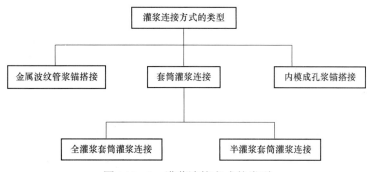

图 4.10 - 3　灌浆连接方式的类型

**5. 采用灌浆连接的构件**

（1）柱与柱纵向连接。

1）柱与柱纵向通过套筒灌浆连接。上层柱根部的套筒与下层柱伸出钢筋完全对应，保证误差在允许范围之内，通过套筒灌浆实现钢筋的连接。

2）柱与柱纵向通过浆锚搭接连接。上层柱根部的波纹管或浆锚孔与下层柱伸出钢筋完全对应，保证误差在允许范围之内，通过波纹管或浆锚孔灌浆实现钢筋的连接。

（2）剪力墙与剪力墙纵向连接。

1）剪力墙与剪力墙纵向通过套筒灌浆连接。剪力墙上层墙体底部的套筒与下层剪力墙上方伸出钢筋完全对应，保证误差在允许范围之内，通过套筒灌浆实现钢筋的连接。

2）剪力墙与剪力墙纵向通过浆锚搭接连接。剪力墙上层墙体底部的波纹管与下层剪力墙上方伸出钢筋完全对应，保证误差在允许范围之内，通过波纹管灌浆实现钢筋的连接。

（3）柱与梁垂直连接。柱与梁的钢筋通过灌浆套筒连接，在柱头部位伸出钢筋，柱伸出的钢筋与梁的钢筋通过套筒实现连接，然后采用后浇混凝土的方式把柱与梁连成一个整体。

（4）梁与梁连接。梁与梁受力钢筋采用对接方式，连接套筒先连接在一根梁的钢筋上，与另一根的对应钢筋对接就位，把套筒移到连接钢筋的中部位置，采用灌浆、机械或注胶的方式将两根钢筋连接，然后采用后浇混凝土的方式把两根梁连成一个整体。

**6. 灌浆料制备设备与工具**

（1）浆料搅拌器。

（2）电子秤。

（3）刻度量杯。

（4）平板手推车。

（5）浆料搅拌桶。

（6）电子测温仪。

（7）试块试模：试块试模规格一般为 40mm×40mm×160mm，三连一组。

（8）截锥圆模：截锥圆模属于标准试验用具，用于检测灌浆料拌合物的流动度。

（9）玻璃板。玻璃板用于检测灌浆料拌合物流动度的底膜，一般规格为 400mm× 400mm×5mm。

（10）计时器。

**7. 灌浆设备**

压力灌浆分为机械设备压力灌浆和手动灌浆两种。机械压力灌浆采用电动灌浆机，手动压力灌浆采用手动灌浆枪。

## 4.10.2 接缝封堵

**1. 接缝封堵方式**

（1）预制柱接缝封堵方式（表 4.10−1）。

1）木方封堵方式。

利用木方及木楔对预制柱底部与结合面接缝的外沿进行封堵（图 4.10−4）。

2）充气管封堵方式。

将充气管充气后对预制柱底部与结合面接缝的外沿进行封堵（图 4.10−5）。

3）座浆料抹浆封堵方式。

预制柱不宜采用座浆料抹浆封堵方式，座浆料一般达不到预制柱的强度要求，会削弱接缝处的强度。

表 4.10−1　　预制柱与预制剪力墙板等竖向预制构件的接缝封堵方式

| 预制构件类型 | | 木方封堵 | 充气管封堵 | 橡塑海绵胶条封堵 | 座浆料封堵 | | 木板封堵 |
| --- | --- | --- | --- | --- | --- | --- | --- |
| | | | | | 座浆方式 | 抹浆方式 | |
| 预制柱 | | √ | √ | × | × | √ | × |
| 预制剪力墙内墙板 | | × | × | × | √ | √ | × |
| 普通预制剪力墙外墙板 | 有脚手架 | × | × | × | √ | √ | √ |
| | 无脚手架 | × | × | √（外侧、在保证钢筋保护层厚度的前提下） | √ | √（内侧） | × |
| 预制夹芯保温剪力墙外墙板 | | × | × | √（外侧保温板处） | √（内侧） | √（内侧） | × |

（2）预制剪力墙接缝封堵方式。预制剪力墙接缝封堵分为预制剪力墙内墙板接缝封堵、外围有脚手架的普通预制剪力墙外墙板接缝封堵、外围无脚手架的普通预制剪力墙外墙板接缝封堵、预制夹芯保温剪力墙板接缝封堵四种类型。

1）预制剪力墙内墙板接缝封堵方式。

① 座浆料座浆封堵的方式（图 4.10−6）。座浆料座浆封堵方式需要控制好座浆的时间、座浆料堆积高度、座浆料的宽度。

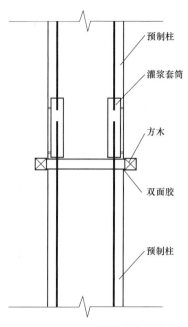

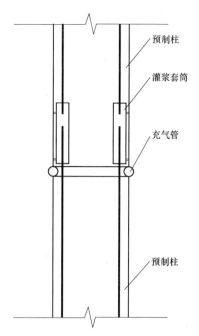

图 4.10-4 木方封堵方式示意图 　　图 4.10-5 充气管封堵方式示意图

② 座浆料抹浆封堵的方式。

2）外围有脚手架的普通预制剪力墙外墙板接缝封堵方式。

① 座浆料座浆封堵的方式。

② 座浆料抹浆封堵的方式。

③ 木板封堵的方式（图 4.10-7）。

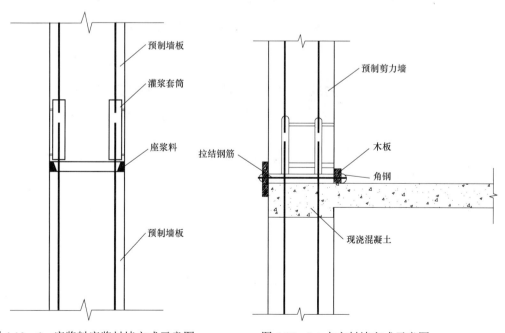

图 4.10-6 座浆料座浆封堵方式示意图 　　图 4.10-7 木方封堵方式示意图

3）外围无脚手架的普通预制剪力墙外墙板接缝封堵方式。

① 座浆料座浆封堵的方式。

② 外侧采用座浆料座浆封堵的方式，内侧采用座浆料抹浆封堵的方式。

③ 外侧采用宽度适宜的橡塑海绵胶条等材料封堵的方式，内侧采用座浆料座浆（抹浆）封堵的方式（图4.10-8）。

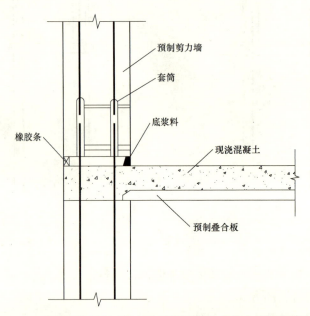

图4.10-8　外围无脚手架座浆料和橡塑海绵胶条组合封堵方式示意图

4）预制夹芯保温剪力墙板接缝封堵方式。

外侧采用宽度适宜的橡塑海绵胶条粘贴到保温材料上。内侧采用座浆料座浆或抹浆的组合封堵方式（图4.10-9）。

**2. 接缝封堵操作规程**

预制构件安装前，用风机将预制构件根部清理干净、避免根部灰尘及混凝土残渣堆积堵塞灌浆孔，影响灌浆质量。接缝封堵应严密，避免因漏气而漏浆。

（1）座浆料座浆封堵操作规程。

1）准备座浆料，一般采用抗压强度为50MPa的座浆料，座浆24h后即可灌浆。

2）将预制剪力墙板底部与结合面的接缝清理干净，将封堵部位用水润湿，保证座浆料与混凝土之间良好的黏结性。

3）预制剪力墙板安装前，将座浆料按照宽度20mm，长度与预制剪力墙板长度尺寸相同，高度高出调平垫块5mm的形式铺在预制剪力墙板的结合面上，座浆料的外侧与预制剪力墙板的边缘线齐平。

4）预制剪力墙板安装完毕后，及时对座浆料进行抹平确保封堵密实没有漏浆，在确认座浆料达到要求强度后方可进行灌浆作业。

（2）座浆料抹浆封堵操作规程。

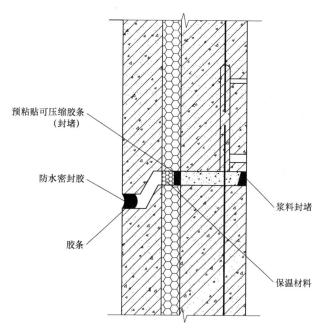

预粘贴可压缩胶条（封堵）

防水密封胶

胶条

浆料封堵

保温材料

图 4.10−9　夹芯保温剪力墙板座浆料和橡塑海绵胶条组合封堵方式示意图

1）准备座浆料，一般采用抗压强度为 50MPa 的座浆料，抹浆 24h 后即可灌浆。

2）将预制柱或预制剪力墙板底部与结合面的接缝清理干净，将封堵部位用水润湿，保证座浆料与混凝土之间良好的黏结性。

3）进行封堵时，用 PVC 管等作为座浆料封堵模具塞入接缝中，然后填抹15～20mm 深的座浆料，封堵采用一段连续封堵的方式，抹好后抽出 PVC 管进行下一段封堵，抽出 PVC 管时尽量不要扰动抹好的座浆料。

4）座浆料宜抹压成一个倒角，可增加与楼地面的摩擦力，保证灌浆时不会因灌浆压力大而发生座浆料整体被挤出的情况。

5）填抹完成后，在确认座浆料达到要求强度后方可进行灌浆作业。

6）座浆料封堵完成后外侧可以用宽度为 20～30mm 木板靠紧并用水泥钉进行加固。

## 4.10.3　剪力墙分仓

**1. 分仓的目的与原则**

（1）分仓的目的。

1）灌浆的单仓越长，灌浆阻力和灌浆压力越大，导致灌浆时间过长，灌浆套筒内灌浆料拌合物不饱满的风险就越大，并且对接缝封堵的材料强度要求越高。

2）进行合理分仓后，灌浆料拌合物能够在有效的压力作用下顺利排出仓内空气，使灌浆料拌合物充满整个接缝空腔及套筒内部，达到钢筋有效且可靠连接的目的。

3）采用灌浆机进行连续灌浆时，一般单仓长度应在 1.0～1.5m。

4）采用手动灌浆枪灌浆则单仓长度不应大于 0.3m。

5）可以经过实体灌浆试验确定合理的单仓长度。

（2）分仓原则。

1）预制剪力墙板灌浆作业一般采取分仓的方式（图 4.10－10）。

2）分仓材料通常采用抗压强度为 50MPa 的座浆料，常温下一般在分仓 24h 后方可灌浆。

3）分仓长度一般应控制在 1.0～1.5m。

4）分仓作业要严格控制分隔条的宽度及分隔条与主筋的距离，分隔条的宽度一般控制在 20～30mm，分隔条与连接主筋的间距应大于 50mm。

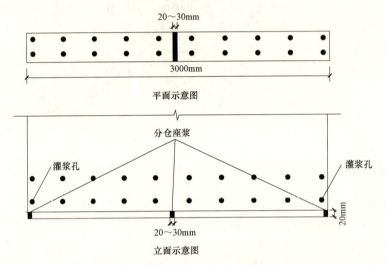

图 4.10－10　剪力墙板灌浆分仓示意图

**2. 分仓构造**

通常使用座浆料对剪力墙的灌浆区进行分仓，分仓构造如图 4.10－11 所示。

**3. 分仓操作规程**

（1）用风筒将结合面上的残渣和灰尘清理干净。

（2）将分仓部位用水湿润。

（3）座浆料应按照厂家提供的水料比进行搅拌，搅拌充分后进行铺设。

（4）分仓作业时时控制好分隔条与主筋的间距，分隔条与主筋间距应大于 50mm。

（5）分仓后保证座浆料没有靠近套筒边缘。

（6）分隔条的高度应比正常标高略高，一般高出 5mm 左右。

（7）分隔条的宽度应在 20～30mm。

（8）分仓后在预制剪力墙板上标记分仓位置，填写分仓记录表，并记录分仓时间，以便于计算分仓座浆料强度。

### 4.10.4　灌浆作业

灌浆作业是装配式混凝土结构施工的重点和核心环节，直接影响到装配式混凝土建筑的结构安全。

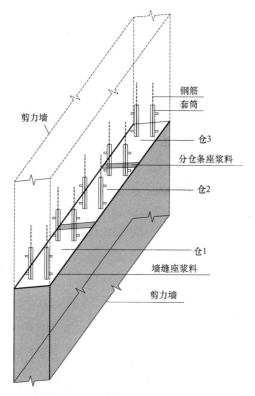

图 4.10 – 11   剪力墙分仓构造示意图

**1. 灌浆作业准备工作**

（1）人员准备。配备足额、合格的灌浆作业人员和专职质检人员。根据实践经验，每组（4 人）作业人员完成一根截面积 600mm×600mm 预制柱的灌浆作业累计时间需要 20min 左右；完成一个 3m 左右，间距为 200mm 的双排套筒剪力墙灌浆作业累计时间需要 15min 左右；完成一个 3m 左右单排套筒内剪力墙的灌浆作业累计时间需要 10min 左右。

（2）设备及工具准备。

1）灌浆料制备设备及工具。

2）灌浆设备。

3）灌浆试验用具。

4）备用设备。

5）接缝封堵和分仓设备及工具。

6）视频设备。

7）其他。

（3）材料准备。

1）套筒灌浆料或浆锚搭接灌浆料。

2）现场用套筒。

3）分仓材料。

4）接缝封堵材料。

5）其他。

（4）技术准备。

1）专项施工方案。

① 灌浆作业前应编制套筒灌浆连接专项施工方案。

② 专项施工方案应当由施工单位技术负责人审核签字并加盖单位公章，经总监理工程师签字并加盖执业印章后方可实施。

2）材料性能试验。

3）灌浆模拟试验。

（5）灌浆作业前的相关检查。

1）竖向钢筋套筒灌浆连接伸出钢筋的检查。a. 检查伸出钢筋的规格、数量、位置和长度。b. 钢筋位置偏差不得大于±3mm。c. 钢筋长度偏差在 0～15mm。

2）水平钢筋套筒灌浆连接钢筋检查。a. 检查连接钢筋的规格、数量、位置和长度，轴线偏差不得大于±5mm；b. 结合面检查；c. 套筒或浆锚孔检查；d. 灌浆孔和出浆孔检查；e. 设备、工具、电源和水源等检查。

（6）支撑进行固定与微调。

（7）技术交底和操作规程培训。技术交底和操作规程培训的主要内容包括以下几方面：a. 灌浆作业准备。b. 灌浆工艺原理。c. 灌浆工艺流程。d. 灌浆操作规程。e. 灌浆注意事项。f. 质量标准要求。g. 设备操作方法。h. 检测检验方法。i. 安全工作要点。

**2. 灌浆料制作**

（1）灌浆料搅拌操作规程。

1）灌浆料水料比确定。

2）目前常用的灌浆料，水料比一般为 11%～14%。

3）在搅拌桶内加入 100%的水，加入 70%～80%的灌浆料。

4）利用搅拌器搅拌 1～2min，建议采用计时器计时。

5）然后加入剩余的灌浆料，继续搅拌 3～4min。

6）搅拌完毕后，灌浆料拌合物在搅拌桶内静置 2～3min，进行排气。

7）待灌浆料拌合物内气泡自然排出后，进行流动度测试，灌浆料拌合物流动度要求在 300～350mm。

8）每班灌浆前均要对灌浆料拌合物进行流动度测试。

9）流动度满足要求后，将灌浆料拌合物倒入灌浆机内进行灌浆作业。

（2）不同环境温度下灌浆料搅拌注意事项。

1）夏天环境温度高于 30℃时，严禁将灌浆料直接暴晒在阳光下。

2）夏天环境温度高于 30℃时，灌浆料搅拌用水宜使用 25℃以下的清水。

3）冬天施工环境温度原则上不得低于 5℃。冬天施工时，灌浆料搅拌用水宜使用水温不高于 25℃的温水。

### 3. 灌浆料抗压强度试块制作

（1）灌浆施工中，在施工现场制作灌浆料抗压强度试块。

（2）每工作班取样不少于 1 次，每楼层取样不少于 3 次。

（3）每次取样制作 1 组（3 个）40mm×40mm×160mm 试块。

### 4. 灌浆作业流程

灌浆作业应当在预制构件安装后及时进行，灌浆作业流程如图 4.10－12 所示。

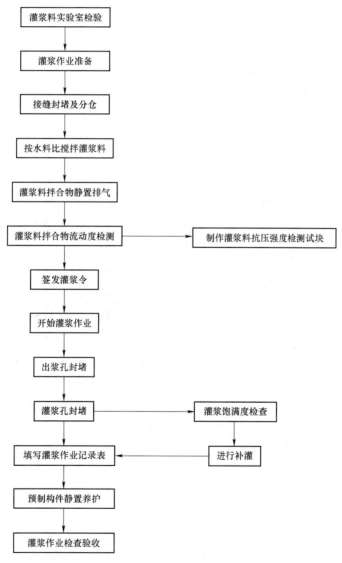

图 4.10－12　灌浆作业流程图

### 5. 灌浆作业操作规程

（1）竖向套筒灌浆操作规程。

1）按照灌浆料厂家提供的水料比及灌浆料操作规程进行灌浆料搅拌。

2）将灌浆机用水湿润。

3）对灌浆料拌合物流动度进行检测，记录检测数据，合格后进行下一步工序。

4）将搅拌好的灌浆料拌合物倒入灌浆机料斗，开启灌浆机。

5）待灌浆料拌合物从灌浆机灌浆管流出，且流出的灌浆料拌合物为柱状，将灌浆管插入需要灌浆的剪力墙或柱的灌浆孔内，开始灌浆。

6）剪力墙板或柱待竖向构件各套筒底部连通的时，对所有的套筒采用连续灌浆的方式。连续灌浆即是用一个灌浆孔进行灌浆，其他灌浆孔和出灌浆孔都作为出浆孔。

7）待出浆孔出浆后，用堵塞封堵出浆孔，封堵时需观察灌浆料拌合物流出的状态，灌浆料拌物开始流出时，堵孔塞倾斜45°角放置在出浆孔下，待出浆孔流出圆柱状灌浆料拌合物后，再将孔塞塞紧出浆孔。

8）待所有出浆孔全部流出圆柱状灌浆料拌合物并用孔塞塞紧后，灌浆机持续保持灌浆状态5～10s，关闭灌浆机，灌浆机灌浆管继续在灌浆孔保持20～25s，迅速将灌浆管拔离灌浆孔。同时用孔塞塞紧灌浆孔，灌浆作业完成。

（2）波纹管灌浆操作规程。

1）按照灌浆料厂家提供的水料比及灌浆料操作规程进行灌浆料搅拌。

2）将搅拌好的灌浆料倒入手动灌浆枪内。

3）手动灌浆枪对准波纹管灌浆口，进行灌浆。

4）待灌浆料拌合物达到波纹管灌浆口位置后停止灌浆，灌浆作业完成。

（3）竖向套筒灌浆操作规程。

1）将所需要灌浆的梁端箍筋套入其中一根梁的钢筋上。

2）在待连接的两端钢筋上套入橡胶密封圈。

3）将灌浆套筒的一端套入其中一根梁的待连接钢筋上，直至不能套入为止。

4）移动另一根梁，将连接端的钢筋插入到灌浆套筒中，直至不能伸入为止。

5）将两端钢筋上的密封胶圈嵌入套筒端部，确保胶圈外表面与套筒端面平齐。

6）将套入的箍筋按图纸要求均匀分布在连接部位外侧并逐个绑扎牢固。

7）按照灌浆料厂家提供的水料比及灌浆料操作规程进行灌浆料搅拌。

8）对灌浆料拌合物流动度进行检测，记录检测数据，合格后进行下一步工序。

9）将搅拌好的灌浆料倒入手动灌浆枪内，开始对每个灌浆套筒逐一进行灌浆。

10）采用压浆法从灌浆套筒一侧灌浆孔注入，当灌浆料拌合物从另一侧流出时停止灌浆，用堵孔塞封堵灌浆孔和出浆孔。

11）灌浆套筒灌浆孔和出浆孔应朝上，保证灌满后的灌浆料拌合物高于套筒外表面最高点。

12）灌浆孔和出浆孔也可在灌浆套筒水平轴正上方±45°的锥体范围内，并在灌浆孔和出浆孔上安装孔口超过灌浆套筒外表面最高位置的连接管或接头。

**6. 灌浆孔与出浆孔识别**

（1）竖向预制构件灌浆套筒灌浆孔与出浆孔识别。

1）竖向预制构件灌浆套筒的灌浆孔与出浆孔是上下对应的，灌浆孔在下，出浆孔在上。

2）灌浆孔与出浆孔内径尺寸一般约为 20mm。

（2）水平预制构件灌浆套筒灌浆孔与出浆孔识别。水平钢筋套筒灌浆连接使用的套筒灌浆孔与出浆孔没有区分，可以选择任何一个作为灌浆孔，另一个作为出浆孔。

（3）竖向预制构件波纹管灌浆孔识别。竖向预制构件灌浆用的波纹管只有一个灌浆孔，波纹管内径尺寸约为 30mm。

### 4.10.5　灌浆作业故障与问题处理

（1）灌浆作业时，突然断电或设备出现故障。

1）浆作业时，发生突然断电，应及时启用备用或小型发电机继续灌浆。

2）浆作业时，灌浆机突然出现故障，要及时利用备浆机进行灌浆。

3）如处理断电或更换灌浆机需要时间过长、要剔除构件接缝封堵材料，冲洗干净已灌入的灌浆料拌合物，重新进行接缝封堵达到强度后再次进行灌浆。

（2）灌浆失败具体操作步骤如下：

1）准备一台高压水枪、冲洗用清水和高压水管等。

2）将已经塞进出浆口的堵孔塞全部拔出，同时将接缝封堵材料清除干净。

3）打开高压水枪，将水管插入灌浆套筒的出浆孔，冲洗灌浆料拌合物。

4）持续冲洗套筒内部，直至套筒下口流出清水方可停止冲洗。

5）逐个套筒进行冲洗，切勿漏洗。

6）套筒全部清洗干净后，将构件接缝处冲洗干净。

7）用空压机向冲洗干净的套筒内吹压缩空气，将套筒里面的残留水分吹干。

8）仔细检查套筒内部是否畅通，确认无误后再次进行接缝封堵，并准备重新灌浆。

# 本 节 练 习 题 及 答 案

1.（单选）灌浆施工完成后，关闭灌浆机，灌浆机灌浆管继续在灌浆孔保持（　　）s。
A. 20～25　　　　B. 10～15　　　　C. 5～10　　　　D. 25～30
【答案】A

2.（单选）连接钢筋偏离套筒或孔洞中心不宜超过（　　）。
A. 3mm　　　　B. 4mm　　　　C. 5mm　　　　D. 6mm
【答案】A

3.（单选）灌浆料抗压强度检验时，每工作班应制作 1 组（　　）试块进行标养。
A. 2 个　　　　B. 3 个　　　　C. 4 个　　　　D. 5 个
【答案】B

4.（单选）用于检测灌浆料拌合物的流动度的工具是（　　）。
A. 试块试模　　B. 截锥圆模　　C. 玻璃板　　D. 刻度量杯
【答案】B

5.（单选）采用手动灌浆枪灌浆则单仓长度不应大于（　　　）。

A. 0.3m　　　　　　B. 0.4m　　　　　　C. 0.5m　　　　　　D. 0.6m

【答案】A

6.（多选）套筒灌浆连接方式中使用的灌浆料拌合物具有（　　　）的特性。

A. 高强　　　　　　B. 早强　　　　　　C. 流动性好　　　　D. 微膨胀

【答案】ABD

7.（多选）关于座浆料座浆封堵操作规程的说法正确的是（　　　）。

A. 准备座浆料，一般采用抗压强度为 50MPa 的座浆料，座浆 12h 后即可灌浆

B. 将预制剪力墙板底部与结合面的接缝清理干净，将封堵部位用水润湿，保证座浆料与混凝土之间良好的黏结性

C. 预制剪力墙板安装前，将座浆料按照宽度 20mm，长度与预制剪力墙板长度尺寸相同，高度高出调平垫块 5mm 的形式铺在预制剪力墙板的结合面上，座浆料的外侧与预制剪力墙板的边缘线齐平

D. 预制剪力墙板安装完毕后，及时对座浆料进行抹平确保封堵密实没有漏浆，在确认座浆料达到要求强度后方可进行灌浆作业

【答案】BCD

8.（简答）灌浆施工过程中出现异常情况造成灌浆失败，应该怎么处理？

【答案】（1）准备一台高压水枪、冲洗用清水和高压水管等。

（2）将已经塞进出浆口的堵孔塞全部拔出，同时将接缝封堵材料清除干净。

（3）打开高压水枪，将水管插入灌浆套筒的出浆孔，冲洗灌浆料拌合物。

（4）持续冲洗套筒内部，直至套筒下口流出清水方可停止冲洗。

（5）逐个套筒进行冲洗，切勿漏洗。

（6）套筒全部清洗干净后，将构件接缝处冲洗干净。

（7）用空压机向冲洗干净的套筒内吹压缩空气，将套筒里面的残留水分吹干。

（8）仔细检查套筒内部是否畅通，确认无误后再次进行接缝封堵，并准备重新灌浆。

9.（简答）灌浆料在哪些情况下应做型式检验？请说明。

【答案】（1）新产品的定型鉴定时。

（2）正式生产后如材料及工艺有较大变动，可能影响产品质量时。

（3）停产半年以上恢复生产时。

（4）型式检验超过两年时。

# 4.11　灌浆作业质量检查与管理

## 4.11.1　灌浆作业检查验收

### 1. 灌浆料拌合物流动度检测

（1）每班灌浆作业前进行灌浆拌合物流动度检测，记录流动度数值，确认合格后方可使用。

（2）不同生产厂家提供的灌浆料对流动度的要求有所不同，通常要求灌浆料拌合物初始流动度应为 300～500mm，30min 流动度应不小于 260mm。实际数值应该以厂家提供的检测报告或使用说明书为准。

（3）环境温度超过产品使用温度上限时（35℃）时，须做实际可操作时间试验，并保证灌浆作业在可操作时间内完成。

（4）填写流动度检验记录表。

**2. 分仓检查**

（1）分仓材料常用抗压强度为 50MPa 的座浆料，应检查其是否达到设计要求。

（2）检查分仓作业是否达到标准，包括分仓长度（1～1.5m）、分隔条宽度（20～30mm）、分隔条距主筋距离（不小于 50mm）及座浆料饱满度。

（3）开始灌浆前，应检查分仓座浆料是否达到强度要求（约为 30MPa）。

（4）填写分仓检查记录表

**3. 灌浆料抗压强度检验**

（1）用于检验抗压强度的灌浆料试件应在施工现场制作。

（2）检查数量：每工作班取样不得少于 1 次，每楼层取样不得少于 3 次。每次抽取 1 组 40mm×40mm×160mm 的试件，标准养护 28d 后进行抗压强度试验。

**4. 灌浆饱满度检查**

（1）对于灌浆不饱满的竖向套筒，在灌浆料加水拌和 30min 内，应首先在灌浆孔内补灌；当灌浆料拌合物无法流动时，可以在出浆孔内补灌，并采用比出浆孔小的管道灌浆以便排气。

（2）水平钢筋连接灌浆施工后 30s，当发现灌浆料拌合物下降，应检查灌浆套筒的密封或灌浆料拌合物的排气情况，并及时补灌或采取其他措施。

（3）补灌后必须重新全数检查。

（4）填写灌浆饱满度检查记录表

**5. 现场接头抗拉强度检验**

按相关规范要求组批，每 1000 个为一批，每批制作 3 个拉伸试件，标养 28d 后进行抗拉强度试验。

## 4.11.2　灌浆作业常见质量问题及解决方法

**1. 灌浆料拌合物流动度达标**

灌浆料拌合物流动度不达标一般有两种原因：一是灌浆料已失效；二是没有按照产品水料比控制用水量。具体解决办法有以下两点：

（1）在灌浆料搅拌前，仔细检查灌浆料产品合格证与到场的灌浆料是否为同一批次，检查灌浆料是否在保质期内，灌浆料存放场所是否有防潮措施。

（2）严格按照水料比精准称量灌浆料和水，按相关规范及灌浆料厂家要求进行灌浆料搅拌。

### 2. 预制构件底面接缝间隙过小

具体解决办法有以下两点：

（1）吊装前，仔细测量已浇筑完的混凝土标高，记录结合面多点高差数据。

（2）接缝间隙误差大于 5mm 时，要对结合面进行凿毛剔除，达到设计要求，并清理干净后进行吊装作业。

### 3. 座浆料接缝封堵不密实导致漏浆

采用座浆料接缝封堵不密实导致漏浆的原因是，封堵部位未提前浇水润湿、封堵使用的座浆料收缩，出现缝隙。

具体解决办法有以下几点：

（1）小缝隙微量漏浆时，用木方及膨胀螺栓夹紧固定，或用高强砂浆堆抹，待灌浆完毕且灌浆料拌合物不具备流动性后剔除堆抹的高强砂浆。

（2）大量漏浆且无法封堵时，要停止灌浆，剔除预制构件接缝封堵材料，已灌入的灌浆料拌合物冲洗干净后，重新进行接缝封堵，封堵使用的座浆料达到强度后再次进行灌浆。

（3）严格按照操作标准进行接缝封堵作业，灌浆前应检查确认封堵质量。

### 4. 出浆孔不出浆

造成出浆孔不出浆的原因有灌浆孔或出浆孔堵塞、封堵材料堵塞套筒、没有分仓或接缝封堵不密实导致漏浆。

具体解决办法有以下几点：

（1）预制构件安装前，对套筒应逐个进行检查、确保孔路通畅后进行吊装作业。

（2）接缝封堵时，封堵材料不能堵塞灌浆套筒，以防灌浆时灌浆料拌合物流通不畅。

（3）吊装前，确认竖向预制构件尺寸，宽度超过 1.5m 时应进行分仓作业，保证灌浆饱满，出浆孔正常出浆。

（4）出浆孔如果是刚性物质堵塞可用电动工具进行破坏性清理，如为柔性物质可用钩状工具清理干净。

### 5. 出浆孔回落较大

造成出浆孔回落较大的主要原因：一是灌浆料搅拌完成后未静置排气就进行灌浆作业，二是没有按灌浆操作规程操作。

具体解决办法有以下几点：

（1）灌浆料搅拌完成后，灌浆料拌合物要静置 2～3min 排气，然后再倒入灌浆设备内进行灌浆作业。

（2）灌浆作业时，有个别孔洞不正常出浆时，应换孔进行灌浆。换孔灌浆时，应拔下已封堵的堵孔塞，待全部正常出浆后依次封堵出浆孔；所有出浆孔全部正常出浆并封堵好后，再按要求用堵孔塞封堵灌浆孔。

（3）灌浆后对出浆孔应及时进行检查，如果需要应及时进行补灌。

**6. 灌浆料终凝时间长**

造成灌浆料终凝时间长的原因：一是灌浆环境温度未达到要求；二是灌浆料搅拌的水料比不准确。

具体解决办法有以下两点：

（1）严格按照产品说明书的水料比精准称量灌浆料和水。

（2）灌浆作业时，环境温度应在5～35℃；若环境温度超过要求的范围，应进行实体灌浆试验、满足条件后方可进行灌浆。

**7. 未使用完的灌浆料拌合物处理方式**

（1）未使用完的灌浆料拌合物还在规定可操作的灌浆时间内，可用于其他邻近预制构件的灌浆作业。

（2）本使用完的灌浆料拌合物已超过规定可操作的灌浆时间，须废弃，不允许用来再次灌浆。

## 4.11.3　灌浆作业质量管理要点

（1）灌浆作业全过程必须有质检员和旁站监理负责监督和记录。

（2）灌浆作业必须进行全过程视频记录。

（3）灌浆料搅拌时应严格按照产品说明书要求计量灌浆料和水的用量，搅拌均匀后，静置2～3min，使灌浆料拌合物内气泡自然排出后再进行灌浆作业。

（4）按要求每工作班应制作一组灌浆料抗压强度试件。

（5）每班灌浆前，要进行灌浆料拌合物初始流动度检测，记录流动度参数，确认合格后方可进行灌浆作业。

（6）灌浆料拌合物应在灌浆料生产厂给出的时间内完成灌浆作业，且最长不宜超过30min。已经开始初凝的灌浆料拌合物不能继续使用。

（7）竖向钢筋套筒灌浆施工时，出浆孔未流出圆柱体灌浆料拌合物不得进行封堵。静置保持压力时间不得少于30s；水平钢筋套筒灌浆施工时，灌浆料拌合物的最低点低于套筒外表面不得进行封堵。

（8）每个水平缝联通腔只能从一个灌浆孔进行灌浆，严禁从两个以上灌浆孔同时灌浆。

（9）采用水平缝联通腔对多个套筒灌浆时，如果有个别出浆孔未出浆，应先堵死已出浆的孔，然后针对未出浆的套筒进行单独灌浆，直至灌浆料拌合物从出浆孔溢出。

（10）灌浆应连续作业严禁中途停止。

（11）冬季施工时环境温度原则上应在5℃以上。

## 4.11.4　灌浆作业严禁事项

（1）当钢筋无法插入套筒或浆锚孔时，严禁切割钢筋。

（2）当钢筋无法插入套筒或浆锚孔时，严禁强行煨弯。

（3）当连接钢筋插入套筒或浆锚孔的长度超过允许误差严禁进行灌浆作业。

（4）严禁错用灌浆料，将浆锚搭接灌浆料用于套筒灌浆。

（5）严禁不按照说明书要求随意配置灌浆料。

（6）严禁分仓或接缝封堵座浆料挤进套筒或浆锚孔。

（7）当接缝封堵漏气导致无法灌满套筒时，严禁从外面用灌浆料拌合物抹出浆孔，必须用高压水冲洗干净灌浆料拌合物，重新封堵灌浆。

（8）严禁灌浆料拌合物开始初凝后用水搅拌灌浆料拌合物继续使用。

（9）严禁灌浆作业后在 24h 内扰动连接构件。

（10）严禁灌浆过程中向灌浆料拌合物内随意加水。

# 本节练习题及答案

1.（单选）下列关于灌浆作业质量问题的说法，错误的是（　　）。

A. 灌浆料拌合物流动度不达标的原因：一是灌浆料已失效；二是没有按照产品水料比控制用水量

B. 预制构件底面接缝间隙过小的原因，封堵部位未提前浇水润湿，造成封堵使用的座浆料收缩，出现缝隙

C. 造成出浆孔回落较大的主要原因：一是灌浆料搅拌完成后未静置排气就进行灌浆作业，二是没有按灌浆操作规程操作

D. 造成灌浆料终凝时间长的原因：一是灌浆环境温度未达到要求；二是灌浆料搅拌的水料比不准确

【答案】B

2.（多选）关于灌浆作业严禁事项，正确的是（　　）。

A. 当钢筋无法插入套筒或浆锚孔时，严禁切割钢筋

B. 当钢筋无法插入套筒或浆锚孔时，严禁强行煨弯

C. 当现场没有套筒灌浆料时，可以将浆锚搭接灌浆料用于套筒灌浆

D. 严禁灌浆作业后在 24h 内扰动连接构件

【答案】ABD

3.（简答）灌浆作业检查验收包括哪些项目？

【答案】（1）竖向钢筋套筒灌浆连接伸出钢筋检查。

（2）结合面检查。

（3）套筒和浆锚孔检查。

（4）灌浆孔和出浆孔检查。

（5）设备、工具和电源等检查。

（6）材料检查。

（7）灌浆套筒水平灌浆连接钢筋检查。

（8）灌浆料拌合物流动度检测。

（9）分仓检查。

（10）接缝封堵检查。

（11）灌浆料抗压强度检验。

（12）灌浆饱满度检查。

（13）现场接头抗拉强度检验。

# 参 考 文 献

[1] 中华人民共和国住房和城乡建设部，中华人民共和国国家质量监督检验检疫总局. GB/T 51231—2016 装配式混凝土建筑技术标准［S］. 北京：中国建筑工业出版社，2017.

[2] 中华人民共和国住房和城乡建设部. JG/T 408—2019 钢筋连接用套筒灌浆料［S］. 北京：中国标准出版社，2020.

[3] 中华人民共和国住房和城乡建设部，中华人民共和国国家质量监督检验检疫总局. GB/T 51129—2017 装配式建筑评价标准［S］. 北京：中国建筑工业出版社，2017.

[4] 中华人民共和国住房和城乡建设部. JGJ 107—2016 钢筋机械连接技术规程［S］. 北京：中国建筑工业出版社，2016.

[5] 中华人民共和国住房和城乡建设部，中华人民共和国国家质量监督检验检疫总局. GB/T 50002—2013 建筑模数协调标准［S］. 北京：中国建筑工业出版社，2013.

[6] 中华人民共和国住房和城乡建设部. JGJ 355—2015 钢筋套筒灌浆连接应用技术规程［S］. 北京：中国建筑工业出版社，2015.

[7] 中华人民共和国住房和城乡建设部. JGJ 1—2014 装配式混凝土结构技术规程［S］. 北京：中国建筑工业出版社，2014.

[8] 中华人民共和国住房和城乡建设部. GB/T 50448—2015 水泥基灌浆材料应用技术规程［S］. 北京：中国建筑工业出版社，2015.

[9] 中华人民共和国住房和城乡建设部. JGJ/T 398—2017 装配式住宅建筑设计标准［S］. 北京：中国建筑工业出版社，2017.

[10] 袁锐文，魏海宽. GB/T 51231—2016、GB/T 51232—2016、GB/T 51233—2016 装配式建筑技术标准条文链接与解读［M］. 北京：机械工业出版社，2017.

[11] 郭学明. 装配式混凝土建筑构造与设计［M］. 北京：械机工业出版社，2018.

[12] 郭学明. 装配式建筑概论［M］. 北京：械机工业出版社，2018.

[13] 张金树，王春长. 装配式建筑混凝土预制构件生产与管理［M］. 北京：中国建筑工业出版社，2017.

[14] 中建科技有限公司，中建装配式建筑设计研究院有限公司，中国建筑发展有限公司. 装配式混凝土建筑设计［M］. 北京：中国建筑工业出版社，2017.

[15] 宋亦工. 装配整体式混凝土结构工程施工组织管理［M］. 北京：中国建筑工业出版社，2017.